Zu diesem Buch

Korruption in der Atomwirtschaft: Wäre sie nur ein moralisches Problem, es gäbe keinen Atomskandal in Hanau. Die Nutzung der Kernenergie ist jahrzehntelang wie eine abstrakte physikalische Laboranlage dargestellt und weithin wahrgenommen worden. Jetzt wissen wir es besser: Überall in der Welt hantieren Menschen mit Millionen Tonnen radioaktiver Materie bei der Versorgung und Entsorgung der Atomindustrie:

Unrechtmäßige Genehmigungen, mit Schmiergeldern erkaufte Transporte, blinde Staatskontrolleure: Die deutsche Atomwirtschaft hat ihr eigenes, kaum wahrgenommenes weltweites privates Atomnetz aufgezogen; im Zentrum die Atomanlagen in Hanau.

Der Atomexperte Klaus Traube und seine Mitautoren zeichnen nüchtern den Weg nach, der zu «Hanau» geführt hat. Der Hessische Landtag, der Bundestag und das Europäische Parlament haben Untersuchungsausschüsse eingesetzt. Das Fazit: Die Abzweigung spaltbaren Materials, das sich auch für Atomwaffen eignet, ist möglich. Die ersten Schritte in die Plutoniumwirtschaft sind getan. Sie kann jederzeit zum Lieferanten für Bombengierige werden; Staaten oder Terroristen. Was in den USA über Jahre ernsthaft diskutiert und dann abgelehnt wurde, der Einstieg in diese Plutoniumwirtschaft, die Bundesrepublik wandert, in Wackersdorf geschützt von Polizei und Grenzschutz, blind hinein.

Der vorliegende Band versucht, die sachlichen Hintergründe dieser komplexen Risikolage im Zusammenhang darzustellen und ihre bedrohlichsten Aspekte kritisch zu beleuchten – insbesondere die der Endlagerung von Atommüll und des Mißbrauchs von waffenfähigem Spaltmaterial. Diese Risiken sind bisher weitgehend verborgen geblieben. «Durch die Kumpanei von Staat, Atomwirtschaft und Wissenschaft: Ein Staat, der mit der Atomwirtschaft unter einer Decke steckt und die von ihr ausgehenden Risiken vor den Bürgern verbirgt, kann kein effektiver Kontrolleur sein und verstößt gegen die elementare Informationspflicht. Schonungslose Offenheit darf nicht auf die Aufklärung von Bestechlichkeit und Bestechung beschränkt sein. Sied muß vor allem für die Aufklärung über die Risiken der Atomenergie gelten.»   *K. Traube*

Bücher zum Thema bei rororo aktuell:

Joschka Fischer (Hg.): Der Ausstieg aus der Atomenergie ist machbar (5923)

Benno Splieth: Plutonium. Der giftigste Stoff der Welt (5927)

Jürgen Stellpflug: Der weltweite Atomtransport. Greenpeace Report 2 (5745)

Klaus Traube u. a.: Nach dem Super-GAU. Tschernobyl und die Konsequenzen (5921)

Klaus Traube: Plutonium-Wirtschaft? (5444)

Klaus Traube

Der Atom-Skandal

Alkem, Nukem und die Konsequenzen

Mit Beiträgen von
Tamara Duve, Helmut Hirsch,
Egbert Kankeleit, Jürgen Kreusch,
Christian Küppers, Michael Sontheimer

Rowohlt

rororo aktuell – Herausgeber
Ingke Brodersen · Freimut Duve

Originalausgabe

Veröffentlicht im Rowohlt Taschenbuch Verlag GmbH,
Reinbek bei Hamburg, März 1988
Copyright © 1988 by Rowohlt Taschenbuch Verlag GmbH,
Reinbek bei Hamburg
Alle Rechte vorbehalten
Umschlaggestaltung Jürgen Kaffer/Peter Wippermann (Foto: dpa)
Satz Times (Linotron 202)
Gesamtherstellung Clausen & Bosse, Leck
Printed in Germany
880-ISBN 3 499 12472 6

Inhalt

1. KLAUS TRAUBE
Einleitung

Die Atomenergie-Kontroverse begann mit der öffentlichen Thematisierung des Risikos eines katastrophalen Versagens von Atomkraftwerken. Die Besetzung des Bauplatzes für das Atomkraftwerk in Wyhl im Jahre 1975 war der eigentliche Auftakt für den heftigen Atomprotest in der Bundesrepublik. Die Ereignisse in Windscale, Harrisburg und vor allem Tschernobyl verdeutlichten das Risikopotential der Atomkraftwerke.

Als im Jahr 1977 Gorleben als Standort für das damals geplante «Integrierte Entsorgungszentrum» ausgewählt wurde, wandte sich die öffentliche Aufmerksamkeit auch den Risiken zu, die von dem Kernbrennstoff nach seiner Bestrahlung in den Atomkraftwerken ausgehen. Die heftigen Proteste veranlaßten Ministerpräsident Albrecht 1979 zu der Erklärung, eine Wiederaufbereitungsanlage sei in Gorleben politisch nicht durchsetzbar. Obwohl der Gorlebener Salzstock auch weiterhin als das deutsche Endlager für hochradioaktiven Atommüll vorgesehen ist und durch Bohrungen erkundet wird, flauten die Proteste in Gorleben und die öffentliche Aufmerksamkeit für die Probleme der «Entsorgung» bald wieder ab.

Dies änderte sich schlagartig zu Beginn des Jahres 1985, als die Bundesregierung die «zügige Verwirklichung einer deutschen Wiederaufbereitungsanlage» forderte und die Atomkraftwerksbetreiber daraufhin Wackersdorf als Standort für die WAA auswählten. Etwa zur gleichen Zeit gerieten auch die in Hanau angesiedelten Brennelementfabriken in die Schlagzeilen, so daß sich nun die öffentliche Aufmerksamkeit nicht nur wieder der *Entsorgung* (von bestrahlten Brennelementen), sondern erstmals auch der bis dahin kaum beachteten *Versorgung* der Atomkraftwerke (mit unbestrahlten Brennelementen) zuwandte.

Auslöser für das öffentliche Interesse an Hanau waren zunächst Konflikte im hessischen rot-grünen Bündnis um die schwebenden Genehmigungsverfahren für die Brennelementfabriken. Eine wegen dieser Konflikte 1985 berufene Gutachtergruppe («Doppel-Vierer») stellte die Gefahr der Abzweigung waffenfähigen Spaltmaterials als das entscheidende Risiko heraus und empfahl, den Umgang mit solchem Material zu untersagen, gegebenenfalls das Bundesverfassungsgericht anzurufen und dabei auch gegen die Wiederaufarbeitung vorzugehen. Mit dieser wird das (waffenfähige) Plutonium aus den bestrahlten Brennelementen gewonnen, das bei der Alkem in Hanau wieder zu Brennelementen verarbeitet wird. Die Empfehlungen wurden Bestandteil der Vereinbarungen der hessischen rot-grünen Koalition, die zu Beginn des Jahres 1987 zerbrach, Folge der Ankündigung des Wirtschaftsministers Steger, der Alkem eine eingeschränkte Genehmigung zu erteilen.

Die hessische Auseinandersetzung um die Hanauer Betriebe lenkte somit die öffentliche Aufmerksamkeit auf das mit der Wiederaufarbeitung verbundene Risiko, daß das im zivilen Atomsektor erzeugte Plutonium als Bombenmaterial verwendet wird. Diese Gefahr war bisher in der deutschen – im Gegensatz zur amerikanischen – Öffentlichkeit, selbst in der Protestbewegung, kaum beachtet worden. Anläßlich der Auseinandersetzungen um die WAA in Wackersdorf kursierte dann aber der Verdacht, die Bundesregierung wolle mit der WAA für eine militärisch nutzbare Infrastruktur vorsorgen. Demgegenüber blieb das Risiko der heimlichen Abzweigung von Plutonium (für den internationalen Schwarzmarkt oder durch Terroristen) nahezu unbeachtet.

Die einmal geweckte Aufmerksamkeit für die Hanauer Nuklearbetriebe brachte in der Folge eine Kette von Mißständen ans Licht der Öffentlichkeit. Seit 1985 laufende Ermittlungen der Hanauer Staatsanwaltschaft hatten 1987 zu einem Strafprozeß um die seit vielen Jahren geübte Genehmigungspraxis für die Alkem geführt. Die Strafkammer urteilte, die – ohne Beteiligung der Öffentlichkeit – ergangenen «Vorabzustimmungen» zur Veränderung der Produktionsanlagen seien rechtswidrig. Sie sprach aber die Angeklagten – Alkem-Geschäftsführer und hessische Ministerialbeamte – frei, weil nicht nachweisbar sei, daß sie die Rechtswidrigkeit erkannt hätten.

Parallel zu diesen Verfahren wurden schwerwiegende Mängel der betrieblichen Sicherheit in den Produktionsanlagen publik, unter anderem Störfälle bei Nukem und Alkem, die zur Kontamination von Mitarbeitern mit Plutonium geführt hatten. Zur Behebung von Mängeln mußte die Nukem auf Verlangen des hessischen Umweltministers zeitweilig den Betrieb einstellen. Auf schwerwiegende Lücken bei der Überwachung von Spaltmaterial machten zwei Vorgänge aufmerksam: Bei der Alkem waren Plutonium-Buchungsunterlagen gefälscht worden, und zufällig wurden zwei Fässer mit fünfundzwanzig Kilogramm schwach angereichertes, Uranoxyd aufgefunden, deren Verschwinden die *Reaktor-Brennelement Union* zwei Jahre nicht bemerkt hatte.

Alle diese Vorgänge betrafen die in Hanau konzentrierten Brennelementfabriken, also den Bereich der Versorgung der Atomkraftwerke. Der Skandal um den Hanauer Atomtransporteur Transnuklear, eine Nukem-Tochter, lenkte die öffentliche Aufmerksamkeit schließlich wieder auf die *Ent*sorgung der Atomkraftwerke, nunmehr aber auf eine bisher kaum beachtete Kategorie von Atommüll: die sogenannten «schwach- und mittelradioaktiven» Abfälle, die routinemäßig beim Betrieb der Atomkraftwerke und anderer kerntechnischer Anlagen erzeugt werden. Um das enorme Volumen dieser «Rohabfälle» zu reduzieren, werden sie in besonderen Anlagen – nach verschiedenen Verfahren – «konditioniert» und in Fässer oder Betongebinde, die «endlagerungsfähig» sein sollen, verfüllt. Transnuklear transportierte unter anderem solche Rohabfälle zur Konditionierung ins belgische Atomzentrum Mol und von dort – mangels eines Endlagers – zurück in die Atomkraftwerke, Kernforschungszentren, das Zwischenlager in Gorleben etc.

Seit April 1987 wurden nach und nach die Bestechung vieler

Personen aus weiten Bereichen der Atomwirtschaft durch Transnuklear wie auch umfangreiche illegale Manipulationen mit radioaktivem Material bekannt. Das Ausmaß des Skandals führte im Januar 1988 zur Einsetzung parlamentarischer Untersuchungsausschüsse des Europa-Parlaments, des Bundestags und des hessischen Landtags.

Als Folge der Kette von Skandalen um die Hanauer Nuklearbetriebe zum einen, des Beschlusses zum Bau der WAA in Wakkersdorf zum anderen gerieten somit etwa seit Beginn des Jahres 1985 – neben dem Unfallrisiko der Atomkraftwerke – immer mehr auch die Risiken im Bereich ihrer Ver- und Entsorgung in das Blickfeld der Öffentlichkeit, also die Risiken
– der Beseitigung des bestrahlten Kernstoffs,
– der Herstellung frischen Brennstoffs,
– der Beseitigung des sonstigen Atommülls,
– der Fülle von Transporten von Kernmaterial und Atommüll.
Der vorliegende Band versucht, die sachlichen Hintergründe dieser komplexen Risikolage im Zusammenhang darzustellen und ihre bedrohlichsten Aspekte kritisch zu beleuchten – insbesondere die der Endlagerung von Atommüll und des Mißbrauchs von waffenfähigem Spaltmaterial. Diese Risiken sind infolge der gemeinsamen Informationspolitik von staatlichen Instanzen und Atomwirtschaft bisher weitgehend dem Blick der deutschen Öffentlichkeit entzogen worden.

Der erste Beitrag resümiert die bisher – Stand Ende Januar 1988 – anhand des jüngsten Skandals zutage getretenen Erkenntnisse. Der darauffolgende Beitrag umreißt knapp die sachliche Problematik des mit dem Betrieb von Atomkraftwerken verbundenen Umgangs mit Spaltstoffen und Atommüll. Drei weitere Beiträge vertiefen die bedeutendsten Risikobereiche:
– die sogenannte «Entsorgung» des Atommülls, insbesondere die Endlagerung;
– die Möglichkeit des Mißbrauchs der im zivilen Bereich umlaufenden Spaltstoffe zur Herstellung von Atombomben, insbesondere durch Terroristen oder fremde Staaten;

– die Wiederaufarbeitung der ausgedienten Brennelemente mit anschließender Endlagerung der Abfälle und die Alternative der («direkten») Endlagerung der Brennelemente.

Alle Beiträge zeigen Diskrepanzen zwischen der Realität und der offiziellen Informationspolitik auf. Der abschließende zieht Konsequenzen für politisches Handeln.

2. Tamara Duve / Michael Sontheimer
Der Atomskandal oder
Das Atom probt den Selbstmord

27. April 1987: Es ist kurz nach sechs Uhr morgens, als der Güterzug DG 40 494 den Bahnhof Hannover-Linden passiert. Der Lokführer beschleunigt auf 80 Stundenkilometer, da sieht er in der Dämmerung etwas zwischen den Schienen liegen – einen menschlichen Körper. Um 6 Uhr 13 ist die Kriminalpolizei zur Stelle. Der Mann, der im grauen Jogginganzug auf den Gleisen liegt, ist tot.

Wer der Tote ist, findet die Kripo schnell heraus: Klaus Ramcke, 42 Jahre alt. Der Diplomingenieur war vierzehn Tage vor seinem Selbstmord bei dem Energieversorgungsunternehmen Preußen Elektra AG fristlos entlassen worden. Ramcke hatte bei der Preußen Elektra die Entsorgung des radioaktiven Mülls von mehreren Atomreaktoren in Norddeutschland abgewickelt, aber nicht nur das. Er hatte von der bis dato der breiten Öffentlichkeit unbekannten Hanauer «Transnuklear GmbH» mehr als eine halbe Million Schmiergeld kassiert. Ramckes Selbstmord alarmiert einige wenige Journalisten, die in Erfahrung bringen, daß die Staatsanwaltschaft in Hanau wegen des Verdachts der Untreue, Urkundenfälschung und anderer Delikte gegen gefeuerte Transnuklear-Manager ermittelt, die Schmiergelder ausgezahlt haben sollen. Die Sache ist recht nebulös, es erscheinen einige Artikel über die «Transnuklear-Affäre», doch angesichts der Skandal-Inflation finden sie kein großes Interesse.

13. Januar 1988: Der Bundesminister für Umwelt und Reaktorsicherheit, Klaus Töpfer, tritt vor den deutschen Bundestag und trägt eine Erklärung der Bundesregierung vor. «Bestech-

13

lichkeit von Menschen», muß er einräumen, «ist geradezu die Konkretisierung der Besorgnis, die ethische und moralische Kraft der Menschen reiche nicht mehr aus, um die zuwachsenden technischen Möglichkeiten zu veranworten.» Wohl wahr – und: «Es muß daher tief geschnitten werden, wenn das Vertrauen wiedergewonnen werden soll.»

Töpfers wohlformuliertes Plädoyer für die «friedliche Nutzung der Kernenergie» verfehlt leider die beabsichtigte Wirkung, denn schon einen Tag später überstürzen sich die Ereignisse: Der hessische Ministerpräsident Walter Wallmann berichtet im Umweltausschuß des hessischen Landtages, daß die Staatsanwaltschaft bei einer Durchsuchung der Transnuklear-Muttergesellschaft «Nukem GmbH» Unterlagen sichergestellt habe, nach denen es zu Unregelmäßigkeiten mit hochangereichertem Uran gekommen sei. Da sich dieser Stoff zum Bau von Atombomben eignet, fragt der Fraktionsvorsitzende der Grünen, Joschka Fischer, ob es im Zusammenhang mit den Unterschlagungsversuchen von spaltbarem Material auch einen Verdacht auf Proliferation gäbe – der laut Atomwaffensperrvertrag verbotenen Weitergabe von waffenfähigem Material. Wallmann antwortet: «Es gibt solche Verdachtsmomente.»

Mit diesem Satz zündet der Ministerpräsident eine politische Bombe: Die Zeitungen überbieten sich gegenseitig mit Spekulationen und Gerüchten aller Art, der «Atomskandal» ist in aller Munde und schlägt internationale Wellen. Wenn sogar der Atom-Lobbyist Wallmann es nicht für ausgeschlossen hält, daß aus deutschen Nuklearfirmen Material für die «islamische Atombombe» abgezweigt worden sein könnte, wer soll dann der Atomwirtschaft noch trauen?

Klaus Töpfer verfügt die Schließung der Nukem, doch damit ist auch nicht mehr zu verhindern, daß die Glaubwürdigkeit der Kernenergie und ihrer Protagonisten einen neuen, nie dagewesenen Tiefpunkt erreicht. «In ihren Dimensionen schlimmer als Flick», urteilt Otto Schily über die Abgründe, in die die Nation blickt. Das allgemeine Entsetzen über die zutage getretene

Atommüllpanscherei und Korruption geht allerdings über die Atomkritiker weit hinaus. Das Wort «Atom-Mafia» macht die Runde, und selbst die *Welt*, bislang streng auf Atomkurs, fragt besorgt: «Unser Tschernobyl?» AKW-Gegner befestigen ein Transparent neben dem Werktor der Hanauer Nuklearbetriebe: «Selbstmord des Atoms – begrabt es.»

«Nützliche Aufwendungen»

Angefangen hatte alles damit, daß am 2. Januar 1987 ein alerter Mittvierziger im Zimmer 311 des Mehrzweckgebäudes in dem mit einem stacheldrahtgekrönten Gitterzaun geschützten Hanauer «Atomdorf» seine Stellung als neuer kaufmännischer Geschäftsführer der Transnuklear antrat. Hans-Joachim Fischer war bisher der «Degussa AG» in Lateinamerika zu Diensten, und hätte er sich träumen lassen, was auf ihn zukommen würde, er hätte wohl sein schmuckloses Zimmer sofort wieder fluchtartig verlassen. Als Fischer seine Arbeit aufnahm, beschäftigte die «TN», wie sie im Nuklear-Jargon abgekürzt wird, 137 feste Mitarbeiter und beherrschte rund 60 Prozent des bundesdeutschen Marktes für radioaktive Abfälle. Rund fünfhundert Tonnen strahlender Müll fallen jährlich in den neunzehn kommerziellen Atomreaktoren an, die hierzulande Strom produzieren, der Markt hat ein Gesamtvolumen von knapp 100 Millionen Mark. Die Marktführerin Transnuklear entsorgte vor allem leichtaktiven Abfall, kontaminierte Arbeitskleidung von AKW-Arbeitern, Filter und verstrahltes Material aller Art, aber auch Öl, Flüssigkeiten und Schlämme.

Der überwiegende Teil dieser Abfälle wurde bis zum Atomskandal ins Ausland transportiert, da in der Bundesrepublik noch keine Anlagen zur sachgerechten «Konditionierung» für die Endlagerung existierten. Etwa 1500 solcher

Transporte waren 1987 nötig. Ungefähr ein Drittel des radioaktiven Mülls wurde von Lübeck aus nach Studsvik in Schweden verschifft, der größte Teil ging via Autobahn nach Belgien in die Abfallanlage des Studienzentrums für Kernenergie in Mol. In Studsvik und Mol sollten die Abfälle komprimiert, in Fässer einbetoniert und anschließend wieder von der Transnuklear zur Zwischenlagerung vornehmlich in die deutschen Atomreaktoren zurücktransportiert werden.

Das Finanzamt Hanau hatte eine Betriebsprüfung der Nukem und der TN für die Jahre 1981 bis 1985 angekündigt. Hans-Joachim Fischer begann deshalb, die Unterlagen für eine möglicherweise erforderliche Berichtigung der Steuererklärungen zu studieren. Es dauerte nicht lange, und er begann sich zu wundern. «Im Laufe des Februar», berichtet er später, «ist mir aufgefallen, daß einige Rechnungen nicht den geschäftsüblichen Gepflogenheiten entsprachen.» Da hatte zum Beispiel ein Ingenieursbüro in Bruchköbel bei Hanau 70 000 Mark für ein Gutachten nicht auf einem Rechnungsformular, sondern auf einem schlichten Briefbogen in Rechnung gestellt. «Es gab falsche Rechnungen, offensichtlich überhöhte Rechnungen oder blanke Luft.» Auf einem Briefbogen des Züricher Ingenieurbüros Martin Kastinger, der nicht einmal die Kontoverbindungen der Firma trug, wurde die Zahlung der Rechnung Nr. 7 über 117 000,– «per Scheck erbeten». «Mark, Schweizer Franken oder was?» fragte sich Fischer. Als er schließlich bei der Züricher Stadtverwaltung nachfragte, bekam er am 9. März die ernüchternde Auskunft, daß in der Rousseaustraße 51 eine Schule stehe und eine Firma diesen Namens auch anderswo nicht bekannt sei. Unter der auf dem Kastinger-Briefbogen angegebenen Telefonnummer meldete sich eine Schweizerin namens Marlene Pimpernell – und die hat von alldem wirklich nichts gewußt.

Fischer wurde klar, daß in der Transnuklear eine Schattenwirtschaft blühte, deren vorrangiges Ziel die Auszahlung von Schmiergeldern war. Nicht daß er moralische Einwände gehabt hätte, aber ihm erschien der «schwarze Kreislauf» sehr chaotisch und steuerrechtlich bedenklich. «Das Steuerrecht», so seine Überlegung, «sieht ja folgendes vor: Wenn ich jemanden besteche und den Empfänger nicht nennen will, muß ich das als nichtabzugsfähige Betriebsausgabe deklarieren. Wenn ich den Empfänger nenne, ist das als Nützliche Aufwendung voll abzugsfähig, dann muß es der Empfänger versteuern.» Die TN hingegen hatte ihre Bestechungsgelder zum größten Teil am Fiskus vorbeigeschoben. Der technische Geschäftsführer des TN-Bereiches «Radioaktive Abfälle (RA)», Peter Vygen, hatte Fischer zu diesem Zeitpunkt bereits darüber aufgeklärt, daß ein Mann namens Hans Holtz die «Nützlichen Aufwendungen» abgewickelt habe. Holtz klärte Fischer über die Ausschüttung der «NAs» in Millionenhöhe auf. Mit «NAs» werden Geschenke und Zahlungen über 50 Mark im Geschäftsführerjargon abgekürzt.

Langsam beginnt die ganze Sache ungemütlich zu werden. Am Freitag, dem 13. März, versammeln sich im Zimmer von Peter Vygen elf Männer zur ersten Krisensitzung: Mitarbeiter der TN, der Nukem-Buchhaltung und der Degussa-Steuerabteilung. Die Degussa AG ist mit 35 Prozent an der Nukem beteiligt und hilft der Nukem und der TN mit ihren Steuerexperten aus. Fischer eröffnet der Herrenrunde seine bedrohliche Entdeckung, und Vygen versichert, daß die Geschäftsführung voll hinter den Mitarbeitern stehe, die NAs und Lizenzzahlungen abgewickelt haben. Die Runde kommt überein, daß auf jeden Fall eine berichtigte Steuererklärung abgegeben werden müsse. Fischer will sofort eine Selbstanzeige stellen, doch das weiß man vorerst zu verhindern.

Am nächsten Morgen greift Fischer zum Telefon und informiert den Nukem-Geschäftsführer Manfred Stephany über die Kalamitäten. Die TN ist zwar nach außen eine eigenständige Firma, intern ist sie jedoch als Geschäftsbereich der Nukem organisiert. Ihre Buchhaltung, ihr Einkauf und anderes mehr werden von der Nukem erledigt. Der Vorsitzende des TN-Verwaltungsrates Stephany ist für die Transnuklear verantwortlich. «Es sind mindestens zwei Millionen falsch deklariert», berichtete ihm Fischer. «Sollen wir schon heute Selbstanzeige beim Finanzamt erstatten?»

«Nein», entscheidet Stephany. Natürlich wissen die Hanauer Krisenmanager, daß eine Selbstanzeige bei einer falschen Steuererklärung nur dann Straffreiheit sichert, wenn sie aufgegeben wird, bevor das Finanzamt dahinterkommt. Am Montag, dem 16. März, formulieren Fischer und Vygen deshalb eine Selbstanzeige, die sie für den Fall, daß der Finanzbeamte unvermutet auftaucht, immer bei sich tragen.

Als Fischer am nächsten Tag eine neue Scheinfirma entdeckt, erhärtet sich bei ihm der Verdacht, daß die Angestellten, die mit den Schwarzgeldern operierten, möglicherweise etwas in die eigenen Taschen abgeführt haben könnten. Stephany und er beschließen, Strafanzeige zu stellen und ein Bauernopfer zu bringen. Stephany, der, wie sich später herausstellt, über die Schmiergeldzahlungen mehr wußte, als ihm lieb gewesen wäre, übernimmt das Krisenmanagement. Er versucht seinen eigenen Kopf zu retten, indem er kleinen und mittleren Angestellten alles in die Schuhe zu schieben versucht und seine Hände in Unschuld wäscht.

Am Freitag, dem 20. März, reist er nach Essen und stimmt seine Strategie mit dem Nukem-Aufsichtsratsvorsitzenden Franz-Josef Spalthoff bei der RWE ab. Stephany schlägt vor, die Staatsanwaltschaft irgendwann einzuschalten, aber zunächst, um den Schaden zu begrenzen, intern weiterzuermitteln und die Kunden vorzuwarnen, damit diese nicht von der Staatsanwaltschaft überrascht würden. Der RWE-Boss erfährt, daß auch RWE-Mitarbeiter kassiert haben. Auch die Preußen Elektra wird informiert.

Am selben Tag sitzen in Hanau ein Nukem-Prokurist und ein Steuerexperte der Degussa mit dem Betriebsprüfer des Finanzamtes beim Mittagessen zusammen und versuchen Zeit zu gewinnen. «Sie haben dem Betriebsprüfer gesagt», so erinnert sich Stephany später, «daß wir die Staatsanwaltschaft einschalten würden, daß es aber im Interesse der Gesamtsache gut wäre, wenn er nicht schon jetzt bei der TN mit der Betriebsprüfung begänne. Wir haben ihm gesagt: ‹Sie würden uns einen Gefallen tun.›» Der Beamte ist so freundlich.

Noch immer wird die Affäre abgeschottet, doch sie nimmt immer bedrohlichere Ausmaße an. Hans Holtz schlägt sie derart auf die Nerven, daß er versucht, sich mit Tabletten das Leben zu nehmen. Am 25. März steht Geschäftsführer Fischer mit zwei Wirtschaftsprüfern an seinem Krankenbett und will entscheidende Dokumente einsehen: Die Liste, auf der die Geschenke und ihre Empfänger notiert sind, und die Liste, auf der penibel alle Schmiergeldempfänger verzeichnet sind. Wann, wer, von wem, wieviel wofür bekommen hat.

Bei jedem größeren Korruptionsskandal der achtziger Jahre – man denke nur an das penibel geführte Schwarzkassenbuch des Flickschen Oberbuchhalters Diehl («wg. Kohl») – taucht früher oder später eine solche Liste auf. Diese Listen können in fremden Händen höchst gefährlich werden, doch der alte Mythos der preußischen Korrektheit hat offenbar in der neuen Kultur der Korruption überlebt – als Paradox: Ordnung muß sein, man will schließlich den Überblick behalten, wer wie teuer war. Und die Verwalter der schwarzen Kassen müssen sich gegen den Vorwurf absichern, sie hätten sich selbst an Schwarzgeld bereichert.

Fischer will die Liste mitnehmen, sie sei Firmeneigentum. «Nein, sie ist mein Privateigentum», hält Holtz dagegen. Er befürchtet, daß sie vernichtet werden könnte, denn er hatte gehört, daß schon einige Unterlagen im Reißwolf eines TN-Geschäftsführers verschwunden seien. Die Geschäftsführung hatte außerdem in den letzten Jahren schon mehrmals mündlich die Order gegeben, keine Aufzeichnungen mehr zu machen und sämtliche existierenden schriftlichen Unterlagen über NAs zu vernichten, doch er hatte ihr nicht Folge geleistet.

Das Gerangel um das Dokument endet schließlich, da alle Notare bereits Feierabend haben, auf dem Offenbacher Hauptbahnhof. Dort deponieren Fischer und Holtz die Liste erst einmal in einem Schließfach. Den Schlüssel nimmt Fischer mit, und am nächsten Tag – es ist der 26. März 1987 – treffen sich beide wieder bei einem Notar in Hanau. Dort wird ein drei Seiten langer Vertrag aufgesetzt, in dem es heißt: «Der Notar wird angewiesen, den Umschlag zu öffnen, den Inhalt zweimal zu fotokopieren und jedem der Erschienenen einen Satz Fotokopien auszuhändigen. Sodann hat er den Umschlag wieder zu versiegeln.»

Die Liste, die Fischer jetzt hat, offenbart Ungeheuerliches. Im Sold der Hanauer Firma Transnuklear standen Angestellte der Preußen Elektra, des Rheinisch Westfälischen Elektrizitätswerks (RWE) sowie Mitarbeiter der Bayernwerke – unter ihnen die Strahlenschutzbeauftragten der Atomreaktoren in Biblis, Brokdorf, Stade und Mitarbeiter der Kernkraftwerke Philippsburg, Neckarwestheim und Unterweser. Damit nicht genug: Angestellte von Transnuklear-Kunden in Belgien, Schweden und in der Schweiz wurden ebenfalls mit großzügigen Geschenken oder Bargeld bedient.

Holtz hatte Fischer darüber aufgeklärt, daß freilich mit gezielter Großzügigkeit verteilt wurde. Pro Kilo brennbaren Abfalls gab es 50 Pfennig «Provision», pro Kilo preßbaren Mülls 20 Pfennig und für jeden Transport flüssigen Materials pauschal 3000 Mark. Schon hier zeigt sich der absurde Widerspruch zwischen dem Interesse der TN, gute Geschäfte zu machen, und den unermüdlichen Erklärungen der Atomwirtschaft, nach denen alles für die Sicherheit getan werde und die Entsorgung garantiert sei. Je mehr Transporte die TN abwickelte, um so mehr verdiente sie auch daran; je radioaktiver der Müll war, um so lukrativer sein Transport – je größer das Risiko, um so zufriedener die Hanauer Atommüllkutscher.

Der Mitarbeiter von Holtz, der für mindestens eine Million Mark Geschenke beschafft und verteilt hat, setzt Fischer ins Bild und erklärt später: «Was die Hardware angeht, begann das beim elektrischen Eierkocher und endete bei der kompletten Hausrenovierung für einen RWE-Mann. Bohrmaschinen, Heimorgeln, Jagdgewehre, Strickmaschinen, Modelleisenbahnen, eine Querflöte, alles, was in Deutschland zu kaufen ist, wurde auch bestellt.» Es kamen Weihnachtsgrüße, in denen im Postscriptum ein Videorecorder bestellt wurde. Die Korruptionalien wurden fast alle von der Nukem-Einkaufsabteilung bei Geschäftsleuten rund um Hanau bestellt, zumeist unter falschen Bezeichnungen, um die Empfänger zu schützen und diese Praktiken in der eigenen Firma zu verschleiern.

In diesen Tagen – als selbst solche Details den Hanauer Krisenmanagern schon bekannt sind – hat der hessische Wahlkampf seinen Höhepunkt erreicht. Besonders die Grünen, denen die SPD wegen ihrer Verweigerung bei der geplanten Legalisierung der Plutoniumwirtschaft bei der Alkem die Koalition aufgekündigt hatte, versuchen die umstrittenen Hanauer Nuklearbetriebe zum Thema zu machen. Wäre die TN-Bestechungsliste zu diesem Zeitpunkt bekannt geworden – Wallmann hätte keine Chance gehabt. Manfred Stephany hatte drei Nukem-Angestellte schon im Januar vertraulich darüber informiert, daß bei einem erneuten rot-grünen Wahlsieg der Umzug der Nukem nach Belgien sehr ernsthaft erwogen würde. Der RWE-Chef Franz Josef Spalthoff habe seine Zustimmung zu einer solchen Betriebsverlagerung bereits gegeben.

Die Strafanzeige wird also hinausgezögert. Erst zwei Tage nachdem der Protagonist der Plutoniumwirtschaft, Walter Wallmann, einen ebenso unerwarteten wie hauchdünnen Wahlsieg verbuchen konnte, am 7. April 1987, stellt die Geschäftsführung der Transnuklear bei der Staatsanwaltschaft in Hanau Strafanzeige gegen «unbekannt». Am Morgen desselben Tages werden zwei Mitarbeiter der Nukem sowie drei Angestellte der TN ab sofort beurlaubt und kurz darauf fristlos entlassen. Die Staatsanwaltschaft beginnt unter dem Aktenzeichen «Js 4691/87» zu ermitteln.

Legal, illegal, scheißegal

Die Hanauer Staatsanwaltschaft mußte die großen Nuklearbetriebe aus dem «Atomdorf», die Alkem, die Nukem und die Reaktor-Brennelemente Union (RBU) im Stadtteil Wolfgang, allerdings schon seit längerem zu ihrer treuesten und schwierigsten Klientel zählen. Am 10. Oktober 1984 hatte ein Aktivist der Hanauer Bürgerinitiative gegen Atomanlagen Strafanzeige wegen des Verdachts «des illegalen Betriebes kerntechnischer Anlagen» bei der Alkem gestellt, später waren auch gegen die Nukem und die RBU wegen desselben Verdachts Ermittlungen aufgenommen worden. Der Hintergrund: Seit der Novellierung des Atomgesetzes im Jahre 1975 war auch für Brennelementefabriken ein atomrechtliches Genehmigungsverfahren mit wissenschaftlichen Gutachten und öffentlichen Anhörungen verlangt, doch die Hanauer Manager hatten es verstanden, dieses Genehmigungsverfahren zwölf Jahre hinauszuzögern – und sie wußten warum. Die Wellblechbaracken der Alkem, in denen plutoniumhaltige Mischoxyd-Brennelemente gefertigt wurden, waren weder gegen einen Flugzeugabsturz – in der Haupteinflugschneise des größten deutschen Flughafens! – noch gegen die Folgen eines Brandes oder einer chemischen Explosion auch nur ansatzweise geschützt.

Nach zwei Jahren mühevoller und hochkomplizierter Ermittlungen hatten die Hanauer Staatsanwälte eine 658 Seiten starke Anklage fertiggestellt, die zum erstenmal die vertrauensvolle Zusammenarbeit der Alkem mit den Genehmigungsbehörden des Landes Hessen und des Bundes in allen Details dokumentierte. Diese Kungelei gipfelte darin, daß bei einem Treffen in der Siemens-Hauptverwaltung, die über die Tochtergesellschaft Kraftwerks-Union (KWU) die größten Anteile bei Alkem hält, Bundesinnenminister Friedrich Zimmermann, KWU-Chef Bartels mit dem damaligen Alkem-Geschäftsführer und CDU-Bundestagsabgeordneten Warrikoff den Plan ausheckten: Die Hanauer Rechtsabteilung sollte einfach den Entwurf einer Novelle des Atomgesetzes formulieren, die das lästige Genehmigungsverfahren und dafür notwendige Investitionen für mehr Sicherheit – natürlich ganz demokratisch – überflüssig machen sollte. Der Entwurf existiert. Doch als die Kungelei aufflog, dementierten alle Beteiligten.

Genau einen Tag nach Wallmanns Sieg in Hessen hatte das Landgericht Hanau die Anklage gegen Warrikoff und seinen Kollegen aus der Geschäftsführung, Wolfgang Stoll, sowie die Ministerialbeamten Angelika Hecker, Ulrich Thurmann und Hermann Frank zugelassen. Die Manager hätten – so die Anklage – das Genehmigungsverfahren absichtlich verschleppt und die Sicherheitserfordernisse den Profitinteressen untergeordnet. Die Beamten, die an sich dafür zu sorgen gehabt hätten, daß das Atomgesetz eingehalten wird, hatten vor allem mit den Nuklear-Managern nach juristischen Tricks gesucht, das Atomgesetz zu umgehen – und hatten schließlich rechtswidrige «Vorabzustimmungen» erteilt. Joschka Fischer nannte das Ergebnis der vertrauensvollen Zusammenarbeit zur Förderung der Atomenergie «die gefährlichsten Schwarzbauten der Republik» – die Alkem und die RBU arbeiten unbeschadet vom Atomskandal weiterhin ohne atomrechtliche Genehmigung.

«Moralisch unschön»

Bereits 1971 hatte Alvin Weinberg, der amerikanische Visionär des Atomzeitalters und Propagandist des Schnellen Brüters, über «the Moral Imperatives of nuclear energy» räsoniert. In seinem berühmt gewordenen Aufsatz stellte Weinberg fest: «Wir Nuklear-Leute haben einen faustischen Pakt mit der Gesellschaft geschlossen.» Angesichts einer Halbwertszeit des Plutonium 239 von 24 400 Jahren müßten die politischen und sozialen Institutionen, die den Atommüll so lange sicher verwahren, eine Kontinuität und Dauer erreichen, die keine menschliche Kultur bisher erreicht habe, erkannte Weinberg.

«Es bedarf einer Priesterschaft», so Weinbergs Konsequenz, «die über die Atommüllager herrscht, auch wenn ihre Erbauer schon lange verschwunden sind.»

Die Transnuklear zahlte bis zu 30000 Mark im Monat, um die mit der Entsorgung betrauten Geschäftsfreunde in Bordellen freizuhalten. Hans Holtz hatte als ordentlicher Verwalter der Schwarzkasse die Bewirtungsbelege der Bordelle gesammelt und jeweils mit dem Kürzel der Firma oder Institution versehen, deren Mitarbeiter sich auf Kosten der TN – und letztlich wieder auf Kosten des Stromverbrauchers – befriedigen konnten. Diese Belege sind ein «who is who» der deutschen Atomwirtschaft. Zehn Kernkraftwerke, vom ältesten kommerziellen Reaktor in Würgassen bis zum Hochtemperatur-Reaktor in Hamm-Uentrecht, tauchen in diesen hochnotpeinlichen Dokumenten auf, desgleichen die Bayernwerke, die Preußen Elektra, die Badenwerke, das Rheinisch-Westfälische Elektrizitätswerk, sowie die Hamburgischen Elektricitätswerke – nahezu alle Betreiber von Atomkraftwerken. Damit nicht genug: auch die beiden staatlichen Kernforschungszentren in Jülich und Karlsruhe sind dabei, sogar die KWU, das Kürzel für die Siemens-Tochter Kraftwerks-Union, und der Arbeitskreis radioaktive Abfälle der Vereinigung der deutschen Elektrizitätswerke (VDEW) zieren diese wertvollen Dokumente zur Sittengeschichte der Atomwirtschaft, einer der letzten Männerbünde, in dem Frauen höchstens als Sekretärinnen zu finden sind.

Im Münchner «Studio Chan Pan», im «Top Secret» in Quickborn, bei «Tante Anna» in Essen, im «Colibri» in Hamburg-St. Pauli oder im Hanauer «Club Chérie» – die Transnuklear kaufte ihren Geschäftsfreunden Prostituierte. Ein ehemaliger TN-Mann erinnerte sich: «Manche haben diese Angebote sehr heftig in Anspruch genommen. Einer hat sogar immer seinen Vater mitgebracht, und der war noch ausdauernder als der Sohn. Nur, an sich ist das ja ganz normal und weiß Gott nicht auf die TN beschränkt, daß ein Gespräch geführt wird und es dann heißt: So, jetzt müssen wir uns eine Nacht entspannen, sonst läuft morgen früh gar nichts. Je nachdem wie die Damen waren, sind dann am nächsten Tag die Verhandlungen.»

Auf jeden Fall waren die «Damen» nicht immer billig. Im edlen Clubhotel Grube-Messel, in der Nähe von Darmstadt, verjubelten vier Männer im Herbst 1984 in einer Nacht 14010 Mark. Abgerechnet wurde der Ausflug bei der Nukem unter dem Stichwort «Akquisition Mowa Ungarn». Der gefeuerte TN-Geschäftsführer Peter Vygen kommentierte später mit verquältem Gesichtsausdruck die Usancen seiner Firma: «Ich habe das moralisch immer sehr unschön gefunden.» Auf der Ebene der Moral, das hatte er schon richtig erkannt, waren die Enthüllungen des Atomskandals ein Super-GAU.

«Geld wird man immer los»

Warum die TN zu solch «unschönen» Methoden griff, läßt sich auch aus der Firmengeschichte erklären. Die Transnuklear GmbH wurde im Dezember 1966 gegründet. Die «Transnucléaire Paris, Société Anonyme» hält 33,3 Prozent, die Nukem GmbH 66,6 Prozent der Gesellschafteranteile. Transnuklear und Transnucléaire sind wiederum an neun Tochtergesellschaften von Taipeh bis Buenos Aires beteiligt. Die Geschäfte der Transnuklear führte zunächst Alexander Warrikoff, 1969 wurde er von Manfred Stephany abgelöst, der dann später in die Nukem-Geschäftsführung überwechselte und dem Transnuklear-Verwaltungsrat vorsaß. Der wichtigste Mann des kleinen Unternehmens war allerdings von Anfang an Dr. Henning Baatz. Nachdem er 1975 die Transnuklear verlassen hatte, ging es der Firma, die bis dahin ein Monopol auf dem bald rasant expandierenden Markt hatte, zusehends schlechter.

Baatz hatte nämlich gleich noch mehrere fähige Kollegen mitgenommen und in Essen die «Gesellschaft für Nuklearservice», GNS, gegründet. Finanziert wurde die neue Firma vom

Energiekonzern STEAG. Alsbald entwickelte die GNS nicht nur den Transportbehälter «Castor» für Reaktorbrennstäbe, sondern auch das Konzept der «mobilen Entsorgung» für leichtradioaktive Abfälle. Statt – wie Transnuklear – alle leichtaktiven Abfälle unbehandelt zu einer zentralen Sammelstelle in Niedersachsen zu transportieren, entwickelte die GNS Maschinen, die beispielsweise die kontaminierten Kleider von Reaktorarbeitern schon auf dem AKW-Gelände «verpressen» und so die Transportmenge reduzieren konnten.

«Mit ihrem Konzept lag die GNS Ende der siebziger Jahre weit vorne», sagte Hans Holtz zwei Monate nach seiner Entlassung. Der joviale Hesse war 57 Jahre alt und jahrelang als Prokurist bei der TN «die Seele von's Geschäft». «Als ich 1978 zur Transnuklear kam, haben wir praktisch bei Null angefangen», erinnerte sich der ebenso skrupellose wie erfolgreiche Akquisiteur. Der Umsatz des Geschäftsbereiches «Radioaktive Abfälle», in dem der Chemie-Ingenieur 1978 als Abteilungsleiter anfing, lag 1979 bei ganzen zweieinhalb Millionen. «Der Verlust betrug rund eine Million, der Bereich radioaktiver Abfälle schrieb tiefrote Zahlen.»

«Freie Akquistion hieß dann das Stichwort der Geschäftsführung», sagt Hans Holtz. Er wurde bei dem Versuch der Transnuklear, wieder konkurrenzfähig zu werden, zu einer zentralen Figur: Er sollte neue und bessere Aufträge beschaffen. Der Nukem-Geschäftsführer Gerhard Hackstein habe ihm noch den Rat gegeben: «Wenn eine Maschine nicht läuft, muß man sie eben ölen.» Einer seiner Mitarbeiter: «Es wurde von der Geschäftsführung eine Marge von zweieinhalb Prozent Provision auf den Auftragswert festgesetzt, die wurde dann später auf ein Prozent gesenkt.» Zunächst machten sich diese Schmiergelder auch bezahlt. Der Umsatz der Abteilung «Radioaktive Abfälle» stieg von rund 2,5 Millionen im Jahre 1979 auf 29,6 Millionen im Jahre 1986 – also um mehr als das Zehnfache. Der Preußen Elektra-Ingenieur Klaus Ramcke beispielsweise, der sich in Hannover vor den Zug stürzte, bekam 1978 nur einen Taschenrechner im Wert von 38 Mark. «Aber» – so erinnert sich Holtz – «dieser Herr sagte gleich, das seien doch Kinkerlitzchen, und vermittelte mir den Eindruck, daß da nicht nur von unserer Seite gegeben wurde.» Ramcke habe später bis zu zehn Prozent des Auftrages als Provision verlangt. «Ich will mit fünfzig Millionär sein», pflegte der Entsorger der Preußen-Elektra im vertrauten Kreise gerne zu sagen.

Bei seinen großen Plänen wurde er auch von Peter Vygen gefördert. Am 11. November 1980 bestellte Vygen bei einem Autohaus in Freigericht bei Hanau für 21 500 Mark ein «Sonderfahrgestell mit Spezialaufbau, zum Transport radioaktiver Corebauteile in kontaminierten Behältern». Geliefert wurde ein Audi, ein Pkw ohne Spezialaufbau – für Klaus Ramcke.

Nehmen wir exemplarisch einen Auftrag, den er 1982 an die TN verschob: Die Preußen Elektra, der zweitgrößte Energiekonzern der Republik, betreibt den Reaktor in Würgassen bei Kassel (KWW), der als erstes kommerzielles Kernkraftwerk der Bundesrepublik 1971 ans Netz ging. Der 670-Megawattreaktor, der nie seine volle Leistung brachte, hatte leider einen folgenschweren Fehler. Er und drei weitere Siedewasser-Reaktoren der «Baulinie 1969» gelten unter Experten als «Kußmaul-Geschädigte»: Professor Karl Kußmaul hatte für ihr Rohrsystem einen Stahl empfohlen, der alsbald eine Vielzahl gefährlicher Haarrisse aufwies. Im Jahr 1982 begann deshalb in Würgassen eine umfangreiche Nachrüstung, die insgesamt 480 Millionen Mark kostete. Dabei mußten auch die Rohre des Wärmetauschers ausgewechselt werden. Für diesen 13,7 Millionen schweren Sanierungsauftrag gründete die Transnuklear zusammen mit der Heidelberger Kraftanlagen AG (KAH) eine Arbeitsgemeinschaft (ARGE) – und bekam dank Ramcke den Zuschlag. Schon in einer der ersten Gesellschaftersitzungen der ARGE wurden alle Anwesenden gebeten, sich Gedanken darüber zu machen, wie man die versprochenen Provisionen am besten finanztechnisch abwickeln könnte. In der Kalkulation der ARGE tauchte dann ein Posten von 200 000 Mark auf: für «Unvorhergesehenes».

Ein KAH-Mitarbeiter kam auf die Idee, eine «Ghostcompany» namens Ingenieurbüro Martin Kastinger in Zürich einzuschalten. Kastinger sollte Rechnungen schreiben, für die keine Leistungen erbracht werden mußten, sogenannte «Luftrechnungen», die dann von der TN und der ARGE beglichen werden sollten. Dies ist die gängigste Methode, um aus dem regulären, dem Finanzamt zugänglichen Geldkreislauf eine «schwarze Kasse» zu speisen. Um die abgezweigten schwarzen Gelder dem Zugriff der Steuerfahndung zu entziehen, führte der KAH-Mann in Zürich ein Nummernkonto beim «Schweizer Bankverein». Von der TN bekam dann der Geldwäscher Barschecks mit leerem Empfängerfeld. Diese löste er in Zürich ein, hob dort Bargeld ab und brachte es Hans Holtz.

Insgesamt 2,25 Millionen wurden auf diese Weise aus dem ARGE-Auftrag «herausgewaschen» und in zwei getrennte Schwarzkassen geleitet. Aus der ersten bestritt die ARGE 953 000 Mark für Geschenke und Provisionen. Aus der zweiten beglich die Transnuklear «Nützliche Aufwendungen» im Wert von 1,3 Millionen zugunsten anderer Kunden und Aufträge. Holtz leitete die Würgassen-Provision der ARGE in zehn Portionen an Ramcke weiter. Meist traf man sich in Hannover im noblen Hotel «Maritim» zum Essen oder auch mal in einer Bar. «Marke: oben ohne mit Anfassen», klassifiziert sie der KAH-Geldwäscher. Holtz erinnert sich, er habe in anderen Fällen auch Geld in Kuverts auf Autobahnraststätten übergeben. «Wissen Sie, Geld wird man immer los.»

«Man entwickelt sehr schnell ein Gefühl dafür, wer für diese Dinge empfänglich ist und wer nicht», sprach Holtz aus Erfahrung. «Es hat dann nur weniger Worte bedurft, um die Sache klarzumachen. Das waren ja zum größten Teil Herren, die einkommensmäßig mehr im Mittelfeld angesiedelt sind, durch deren Hände aber doch jährlich Dutzende von Millionen gehen. Sie haben wohl das Gefühl gehabt, daß sich diese Verantwortung nicht mit ihrer Bezahlung deckt, und versucht, die Differenz etwas auszugleichen.» Hans Holtz war nach seiner fristlosen Entlassung maßlos darüber enttäuscht, daß Vygen, Stephany und viele andere, die ihn immer für seine guten Umsätze gelobt hatten, ihn jetzt als Sündenbock und sich selbst als Unschuldslämmer darstellten. Der Mann, der es auf dem zweiten Bildungsweg zum Chemie-Ingenieur-Diplom gebracht hatte, sagte über das Milieu, das ihn verstoßen hatte: «Die haben alle ein ganz elitäres Denken, das in den erlauchten Kreisen in Jülich und Karlsruhe gezüchtet wird. Sie wurden immer vom Staat ernährt – auch eine Firma wie die Nukem lebt doch bis heute fast ausschließlich von Steuergeldern.» Er selbst sei sich zum Schluß schon vorgekommen wie ein «nuklearer Frankenstein», berichtete er verbittert und fügte dann trotzig hinzu: «Aber die Dummheit vieler Leute in der Kerntechnik übertrifft oft noch ihre Frechheit.»

In dubio pro Atom?

Die Strafanzeige der TN-Geschäftsführung war bereits fünf Wochen alt, da endlich werden die Politiker und Beamten tätig, denen die Kontrolle der Atomwirtschaft obliegt. Am 15. Mai 1987 setzen sich in Wiesbaden der hessische Justizminister Karl-Heinz Koch, sein Kollege aus dem Umweltministerium Karlheinz Weimar, ein Beamter des Bundesumweltministeriums und ein Vertreter der Hanauer Staatsanwaltschaft vertraulich zusammen. «Wir haben dennoch auf den damaligen Zustand reagiert, der eine gewisse Schwebesituation darstellte», versucht Weimar später in einer nichtöffentlichen Sitzung des Umweltausschusses diese Versammlung aufzuwerten. Der Abgesandte der Staatsanwaltschaft versichert, daß trotz der Zahlung von Schmiergeldern zu keinem Zeitpunkt Sicherheitsbestimmungen verletzt worden seien, es handele sich lediglich um «kommerzielle Bestechung». Die im Atomgesetz vorgeschriebene «Zuverlässigkeit» der TN-Geschäftsführung sei folglich nicht in Zweifel zu ziehen.

Diese naive Gutgläubigkeit hatte ihren Grund: Die Ermittlungsbehörden hatten von Anfang an vertrauensvoll mit Hans Joachim Fischer und Manfred Stephany zusammengearbeitet. Und die Hanauer Krisen-Manager weisen aus verständlichen Gründen den naheliegenden Verdacht zurück, es sei bestochen worden, um Pannen oder Panschereien zu vertuschen. Sie sind vielmehr eifrig bemüht, den Ermittlern dabei zu helfen, den von ihnen gefeuerten Mitarbeitern Unterschlagung von Bestechungsgeldern nachzuweisen. Obgleich bekannt war, daß mehrere Strahlenschutzbeauftragte von der Transnuklear gekauft und damit erpreßbar waren, glauben die Politiker und Beamten der Staatsanwaltschaft ihre Beschwichtigungen gerne. Mit der Einsetzung einer «Ad-hoc-Gruppe», die unter Federführung des Bundesumweltministeriums Kontakt zu den Hanauer Ermittlern halten soll, meint die Wiesbadener Herrenrunde, das Nötige getan zu haben. Die kommenden Monate wartet man in aller Ruhe ab, was bei den Ermittlungen wohl herauskommen werde. Vom Atomskandal, der unverzüglich und rückhaltlos aufgeklärt werden müsse, ist noch lange keine Rede.

Während nach den Polizistenmorden an der Startbahn West sofort ganze Rudel von hessischen Staatsanwälten und Beamten Dutzende von Wohnungen durchsuchten, ermitteln in Sachen Transnuklear bei an die hundert potentiellen Beschuldigten ein Staatsanwalt und zwei Beamte einsam auf weiter Flur. Auf schnelle Durchsuchungen – bei Wirtschaftsverbrechen die einzige Möglichkeit, wichtiges Beweismaterial vor dem Reißwolf zu retten – verzichten die überforderten Ermittler ohnehin. Die hessischen Grünen können nicht recht einsehen, warum zur Verfolgung der Korruption im Frankfurter Bauamt eine Sonderkommission gebildet wurde, die Aufklärung der Korruption in der gesamten bundesdeutschen Atomindustrie hingegen von zwei Kriminalbeamten geleistet werden soll. Als sie schließlich im September im Landtag die schleppenden und mangelhaften Ermittlungen monieren, belehrt sie Justizminister Koch, daß sich der personelle Einsatz der Ermittlungsbehörden nach Umfang und Schwere des Verfahrens richte: «Das vorliegende Strafverfahren hat danach in der Reihe der durch die Zentralstelle derzeit bearbeiteten 35 Großverfahren keinen besonderen Rang.» Koch, dessen Anwaltskanzlei einen Geschäftsführer der Hanauer Reaktor-Brennelemente Union vertrat, hält zwei Beamte bei den Ermittlungen in Sachen Transnuklear für «angemessen»! Ein Jurist würde fragen: «Handelt es sich hier nicht um Beihilfe zur Strafvereitelung und Verdunkelung»?

Diese Ansicht dürfte zumindest der Anti-Atom-Aktivist teilen, der am 10. August 1987 mit einem Transparent «Sofortige Stillegung der Hanauer Atomanlagen» vor das Hanauer Landgericht zieht. Er hält es den über 50 Journalisten vor dem Gerichtsgebäude entgegen, doch die Reporter nehmen ihn kaum wahr, denn ihre Aufmerksamkeit gilt den Geschäftsführern der Alkem, Wolfgang Stoll und Alexander Warrikoff, und den drei Ministerialbeamten des Hessischen Wirtschaftsministeriums. Die fünf müssen an diesem Montagmorgen zum erstenmal als Angeklagte vor die 5. Strafkammer des Landgerichts treten. Die Anklage wirft ihnen den illegalen Betrieb der Alkem-Anlage vor. Der Prozeß ist Novum in der bundesdeutschen Rechtsgeschichte. Die Transnuklear-Affäre ist schon längst in Vergessenheit geraten, die Ermittlungen laufen auf Sparflamme. Nicht zuletzt deshalb können es sich die Angeklagten leisten, aus dem ersten Prozeß gegen Manager der deutschen Atomindustrie ein Tribunal gegen die Staatsanwälte zu machen: «Ich bin angeklagt, weil ich bei einer kriminellen Vereinigung arbeite, nämlich beim Staat», verhöhnt Ministerialrat Ulrich Thurmann die Justiz. Das Verfahren sei der «massivste Angriff staatlicher Stellen gegen den Staat». Die Ankläger, so Thurmann, seien ein Sprachrohr der Grünen und betrieben politische Justiz. Er meint das ernst, denn er versteht die Welt nicht mehr. Über zwei Jahrzehnte hatten Politiker und Beamte zusammen mit den Nuklearmanagern die Weichen in den Atomstaat gestellt. Man machte sich einvernehmlich die dafür notwendigen Gesetze, aber schaffte es nicht einmal, sie dann auch korrekt einzuhalten. Daß ab Mitte der siebziger Jahre dann Chaoten an den Bauzäunen rüttelten und diese verrückten Grünen sogar ins Parlament einzogen, war schon kaum zu ertragen. Aber daß er jetzt auf der Anklagebank sitzt, wo er doch pflichtschuldig nur die politischen Ziele umgesetzt hat, die bei den drei etablierten Parteien bis Anfang der achtziger Jahre unumstritten waren – das kann einer wie Thurmann nicht mehr verstehen.

Strahlend verlassen die Atom-Manager und ihre Ministerialbeamten nach dreimonatiger Prozeßdauer am 12. November 1987 das Hanauer Landgericht. Die Richter haben sie soeben freigesprochen, auf Kosten der Staatskasse. Die Kammer hat zwar eindeutig klargestellt, daß die «Vorabzustimmungen», mit denen die Beamten den Alkem-Bossen das Genehmigungsverfahren und die brisante öffentliche Anhörung erspart hatten, rechtswidrig sind. Aber zu einer Verurteilung hätte es nur kommen können, wenn man ihnen hätte nachweisen können, daß sie diese Rechtswidrigkeit gekannt oder in gemeinsamem Zusammenwirken bewußt herbeigeführt hätten. In dubio pro Atom.

Belgian connection

Bei Mol, vierzig Kilometer von Antwerpen entfernt, in einer der ärmsten Gegenden Belgiens, liegt das «Studiecentrum voor Kernenergie (S.C.K/C.E.N.)». Der älteste, 1962 in Betrieb genommene Reaktor Belgiens wurde gerade wegen Sicherheitsmängeln abgeschaltet, zwei kleinere Forschungsreaktoren laufen noch. Das Atom-Zentrum steht unter staatlicher Aufsicht und ist von den Subventionen des Wirtschaftsministeriums abhängig. Nennenswerte Einnahmen werden lediglich mit der Atommüllverarbeitung erzielt: ein besonders eifriger Lieferant strahlender Abfälle war die Transnuklear. Die Transnuklear machte mit dem Atomzentrum von 1981 bis 1987 Geschäfte über rund 14 Millionen Mark.

«Die Belgier waren so was von korrupt, das gibt's gar nicht», sagte der ehemalige Transnuklear-Manager Hans Holtz über seine Geschäftspartner im Moler Atomzentrum und wußte deren Käuflichkeit alsbald zu nutzen. Bereits im Herbst 1980 bekam der Leiter des «Waste-Departments» Van de Voorde ein Golf Cabriolet im Wert von 24000 Mark, sein Stellvertreter Dumont ein Fernglas und ein Gewehr für knapp 10000 Mark. Seitdem kassierte Van de Voorde jährlich 10000 Mark Schmiergeld, wie Hans Holtz später den Staatsanwälten zu Protokoll gab. Das Berufsethos der belgischen Beamten wird auch durch die Tatsache illustriert, daß sie für 2500 Mark Briefpapier und Rechnungsformulare des Atomzentrums an die Transnuklear verkauften, mit deren Hilfe die Hanauer ihre schwarze Kasse füllen konnten.

Van de Voorde und Dumont wurden im Oktober 1987 entlassen, Dumont jedoch kurze Zeit später wieder eingestellt. Man habe sich in seinem Fall geirrt, erklärt der neue Leiter des Moler «Waste-Departments», Herrmann Spriet. Was nicht wundert: Spriet soll nach Aussagen eines Korruptionalien-Beschaffers der TN auch Geschenke aus Hanau kassiert haben.

Die Schmiergeldzahlungen nach Belgien waren der Staatsanwaltschaft in Hanau und dem Landeskriminalamt Wiesbaden spätestens seit Juni vergangenen Jahres bekannt, doch man blieb untätig. Der Frankfurter Journalist Christoph Maria Fröder zum Glück nicht. Als Ende August sein ausführlicher Bericht «Skandal Transnuklear» im Hessischen Regionalfernsehen ausgestrahlt wird, staunen die Ermittler nicht schlecht. Fröder hatte recherchiert, daß am 21. Oktober 1986 ein TN-Transporter verunglückt war. Der Laster war mit Atomabfällen aus dem Kernkraftwerk Brunsbüttel auf dem Weg nach Mol auf der Autobahn kurz vor Antwerpen umgekippt. Radioaktive Flüssigkeiten, die auf den Frachtpapieren gar nicht existierten, sickerten am Unfallort ins Grundwasser. Wegen der gefälschten Frachtpapiere hatten die belgischen Behörden nichts von der radioaktiven Verseuchung des Bodens erfahren.

Der von Transnuklear bestochene Mol-Chef Van de Voorde deckte den illegalen Transport.

Dank Fröders Enthüllungen wurde der Mol-Chef im Oktober 1987 gefeuert. Er hatte auch von der TN angelieferte hochradioaktive Abfälle angenommen, die in Mol gar nicht oder nur unter großen Schwierigkeiten verarbeitet werden konnten und für deren Lagerung die Genehmigung fehlte. Dies sei «aus Geldmangel» geschehen, räumte man später in Mol ein. Hatten die Belgier der TN jahrelang alles abgenommen, so wollte man nach der Entlassung von Van de Voorde plötzlich gar keinen deutschen Atommüll mehr haben. Deshalb fuhr eine TN-Delegation nach Mol, um vor Ort den Grund für den plötzlichen Sinneswandel in Erfahrung zu bringen – doch die Reise brachte anstelle von Aufklärung noch größere Verwirrung. Die Emissäre fanden in Mol 18,6 Kubikmeter Verdampfungskonzentrat einer Müllsendung, die bereits 1982 aus dem Reaktor in Stade angeliefert worden war. Sie begannen sich zu wundern, denn nach ihren Unterlagen waren diese Abfälle bereits im Frühjahr 1983 wieder als verarbeitet zurückgeliefert und in 40 Fässern zu je 200 Liter Inhalt im Kernkraftwerk Unterweser zwischengelagert worden. Am 11. Dezember 1987 stellt sich heraus, daß in den Fässern in Unterweser einbetonierter Schlamm lagert, der hochaktives Plutonium und Kobalt enthält und aus einem belgischen Reaktor stammt. Öffentlich bekannt werden dieser spektakuläre Fund und seine weitreichenden Konsequenzen freilich noch nicht.

In Belgien wäre diese Entdeckung ohnehin weit weniger spektakulär gewesen. In dem Land, das prozentual gesehen nach Frankreich weltweit den meisten Atomstrom verbraucht, wurde keine so lange und erbitterte politische Auseinandersetzung um die Kernenergie geführt wie in der Bundesrepublik. In Belgien braucht die Atomwirtschaft deshalb auch keine kritische Öffentlichkeit zu fürchten. So konnte die Hanauer Firma Alkem 600 Kilo Plutoniumoxyd 1979 bei der Belgonucléaire in dem an Mol angrenzenden Dessel abstellen, für das es in der Bundesrepublik kein legales Lager gab. Obwohl die Belgonucléaire keine Genehmigung dafür hatte, wurden die Fässer mit Wissen des Bundesministeriums für Forschung und Technologie dort zwischengelagert.

In Mol ist man bis heute nicht besonders zimperlich in punkto Sicherheit. Trotz zahlreicher Warnschilder «Vorsicht, sehr hohe Radioaktivität» hantieren Arbeiter ohne Schutzkleidung. Ein Reporter der *Neuen Zürcher Zeitung* stellte irritiert fest: «Die Anlage gleicht eher einem Rangierbahnhof als einer scharf überwachten Atomfabrik.» Am schlimmsten sieht es bei der Firma Smet-Jet aus, die in Mol eine Anlage der Transnuklear betreibt. Sie heißt im Nuklear-Slang «DeWa-Anlage», und diese «demontable Waste-Anlage» für die Konditionierung flüssigen Atommülls hat eine abenteuerliche Geschichte hinter sich. Begutachtet worden war sie Ende der siebziger Jahre vom TÜV Baden in Mannheim. Damals hatten die Gutachter von der Transnuklear Geschenke bekommen, deren Annahme ihnen laut Arbeitsvertrag ausdrücklich untersagt war. Anschließend kam die DeWa-Anlage im Kernkraftwerk Phillipsburg zum Einsatz. Nach Aussagen eines ehemaligen TN-Angestellten habe sich dort ein Unfall ereignet, bei dem mindestens ein Arbeiter verstrahlt worden sei. Dieser Unfall sei geheimgehalten worden.

Auf jeden Fall steht sie heute in Mol in einer Wellblechhalle. Dort werden oft ohne Schutzanzüge radioaktive Abfälle verpreßt und betoniert. Nach Informationen des belgischen Europaabgeordneten Paul Staes sind zwei ehemalige Smet-Jet-Arbeiter an Leukämie erkrankt. Staes ist mit seinen Enthüllungen ein einsamer Rufer in der Wüste, die hiesige Aufregung über den Atomskandal wird in Belgien kaum verstanden: «Die gesamte Geschichte scheint vor allem in der Bundesrepublik zu einer Psychose anzuwachsen», erklärte der Direktor des Moler Studienzentrums zum Atomskandal.

Auf dem Gelände einer 1974 bereits wegen technischer Probleme stillgelegten Wiederaufarbeitungsanlage findet sich in Mol ein Komplex mit dem aparten Namen «Pamela», die «Pilotanlage Mol zur Erzeugung lagerfähiger Abfälle», in der seit Januar 1985 hochaktiver Atommüll nach einem im Kernfor-

35

schungszentrum Karlsruhe entwickelten Verfahren verglast wird. Pamela wird von der «Deutschen Gesellschaft zur Wiederaufarbeitung von Kernbrennstoff» (DWK) betrieben, die in Wackersdorf die große Wiederaufarbeitungsanlage bauen läßt. Die Gründe, warum diese Verfahren nicht in der Bundesrepublik getestet werden, sah die *Frankfurter Rundschau* darin: «Fehlende Bürgerinitiativen und kaum vorhandene Einspruchsmöglichkeiten sorgten für eine unter deutschen Verhältnissen unmögliche Rekordbauzeit von nur drei Jahren.»

Mit dem Bau von Pamela beauftragte die DWK eine Arbeitsgemeinschaft (ARGE Pamela), an der die Nukem und die Kraftanlagen AG Heidelberg (KAH) zu je 50 Prozent beteiligt sind. Die KAH, die seit Jahren im In- und Ausland eng mit Transnuklear und Nukem zusammenarbeitet, kommt aus der Baubranche und scheint deshalb zwangsläufig mit den Spielregeln der Korruption bestens vertraut. Sie stellte der TN ein Nummernkonto in Zürich zur Verfügung, mit der die Geldwäscher ihre schwarze Kasse füllen konnten. Pamela kostete rund 150 Millionen Mark und wurde zu 80 Prozent vom deutschen Steuerzahler finanziert. Der gute Steuerzahler hat demnach auch den größten Teil der 45 000 Mark gezahlt, welche die Nukem und die KAH an den DWK-Mitarbeiter Tittmann auszahlen ließen. Nach internen Aufzeichnungen eines ehemaligen Nukem-Finanzmannes bekam Tittmann im Dezember 1985 und Januar 1986 insgesamt 45 000 Mark. Getarnt wurde die Zahlung dadurch, daß Tittmann ein Gutachten für die ARGE anfertigte. Daß nach diesen Nukem-Notizen der Projektleiter der ARGE Pamela auf Kosten der Nukem zwei Wochen im Allgäu Urlaub machen durfte, paßt ebenfalls ins Bild. Die Nukem will keinen Pfennig an den DWK-Mann gezahlt haben, und die DWK erklärt: «Dieser Vorgang steht mit der Auftragsvergabe in keinem Zusammenhang.»

Die DWK ist immerhin die Gesellschaft, die mit der Wiederaufarbeitungsanlage in Wackersdorf das Atomprojekt mit dem größten Gefahrenpotential bauen will. Sie ist in der nuklearen Priesterschaft derjenige Orden, der die größte Verantwortung trägt.

Selbstmord – Der Sumpf wird sichtbar

Die Industriereinigungsfirma Smet-Jet, die in Mol mit der DeWa arbeitete, bekam von der Transnuklear Aufträge über rund 25 Millionen Mark, also wesentlich mehr als das staatliche Kernforschungszentrum. Ihre Rechnungen – dafür sorgte der für die belgischen Geschäfte zuständige Transnuklear-Mann Wilhelm Bretag – wurden immer prompt bezahlt. Mancher Kollege hatte sich über den Eifer Bretags gewundert, ebenso merkwürdig ist freilich, daß Smet-Jet nur Leistungen erbracht hatte, die höchstens 10 Millionen wert waren. Wo ist die Differenz von 15 Millionen abgeblieben? Fast alle Zeitungen schrieben erst einmal ohne den geringsten Beweis, daß sie ebenfalls zum Schmieren verwendet wurden. Es könnten auch lediglich sehr schlechte Geschäfte der TN sein, oder aber – und dies vermuten nicht nur ehemalige TN-Kollegen – Bretag und seine belgischen Geschäftspartner haben die Differenz in die eigenen Taschen umgeleitet.

Die verschwundenen 15 Millionen bringen die Ermittler endlich dazu, eine härtere Gangart einzuschlagen. Sie tauchen am 8. Dezember bei Wilhelm Bretag auf, der die belgian connection hielt, und beschlagnahmen in seiner Wohnung mögliche Beweismittel. Erst fünf Tage nach seiner Verhaftung wird Bretag von der TN entlassen. Auch Hans Holtz und einer seiner Mitarbeiter, die beide schon im April gefeuert worden waren, finden sich völlig unerwartet in einer Zelle wieder. Holtz und seinem Kollegen, die mit den Ermittlern kooperiert hatten und sie erst einmal über die Usancen der Transnuklear aufgeklärt hatten, wird ebenso wie Bretag vorgeworfen, sie hätten die Bestechungsgelder nicht «ordnungsgemäß» ausgezahlt, sondern teilweise unterschlagen. Es mag unglaublich klingen, aber die Bestechung von Strahlenschutzbeauftragen ist, wenn sie steuerlich korrekt gemacht wird, nicht strafbar. Strafbar ist lediglich das Bestechen von Beamten, und solche gibt es in den Atomkraftwerken nicht.

Am 15. Dezember um 12 Uhr 15 betritt ein Justizbeamter des

Hanauer Untersuchungsgefängnisses die Zelle von Hans Holtz und erstarrt. Der ehemalige Transnuklear-Prokurist liegt bewegungslos auf seiner Pritsche, der Boden ist bedeckt mit Blut. Der Beamte alarmiert den Anstaltsarzt, doch er kommt zu spät. Obwohl Holtz nach seinem ersten Selbstmordversuch im April hochgradig suizidgefährdet war, hatte er eine Rasierklinge zur Hand, mit der er sich die Pulsadern aufschnitt. Einer der zentralen Figuren der Transnuklear-Affäre, zugleich einer der wichtigsten Zeugen der Korruption in der Atomwirtschaft, ist tot.

Einen Tag später wird aus der Transnuklear-Affäre der Atomskandal. Die Belgier gestehen ein, 321 Fässer mit Atommüll falsch deklariert zu haben. Die Fässer enthalten nicht nur den in den Begleitpapieren ausgewiesenen, relativ harmlosen schwachaktiven Müll, sondern auch Plutonium. Es beginnt eine hektische Suche nach dieser Schmuggelware. Wieder einen Tag später, am 17. Dezember, tut Bundesumweltminister Töpfer das, was die hessischen Grünen seit Monaten gefordert hatten: Töpfer entzieht der Transnuklear ihre Transportgenehmigungen und erklärt geradezu beleidigt: «Die Verletzung atomrechtlicher Genehmigungen kann nicht als Kavaliersdelikt abgetan werden.»

Die Suche nach den falsch deklarierten Fässern erweist sich als außerordentlich schwierig. Beamte der Landeskriminalämter schwärmen in die neunzehn kommerziellen Atomkraftwerke aus, um in deren Zwischenlagern die ominösen Fässer aus Mol zu suchen. Es zeigt sich: Weder die Behörden noch die Atomwirtschaft wissen genau, wo überall die gelben Fässer lagern. Selbst nach zwei Wochen hektischer Recherche weiß das Umweltministerium noch nicht einmal, welche Firmen über Transportgenehmigungen für radioaktives Material verfügen. Tag für Tag steigt die Zahl der mit gepanschtem Müll gefüllten Fässer, zu Weihnachten sind es 1758, zu Silvester 1942, schließlich 2500. Die letzten hatten Beamte einer Sonderkommission bei der Transnuklear gefunden. Diese 50 Fässer sind knapp drei Wochen später der Grund dafür, daß Töpfer auch die Nukem schließen läßt. Die Transnuklear lieferte sie 1985 der Nukem, doch die Nukem-Kontrolleure verweigerten die Annahme, da sie in ihnen Plutonium, hochangereichertes Uran, Cäsium 135 und Kobalt 60 ermittelt hatten. Zwei Jahre hatte die Nukem die Existenz dieser Fässer verschwiegen, jetzt geht es an ihre Existenz. Zu allem Überfluß sind auch noch zwei dieser Fässer spurlos verschwunden.

Walter Wallmann fordert die Nukem-Eigentümer auf, innerhalb von 36 Stunden personelle Konsequenzen zu ziehen, doch so lassen sich deutsche Aufsichtsräte von Politikern nun auch nicht unter Druck setzen. Erst fünf Tage später werden die beiden Geschäftsführer Peter Jelinek-Fink und Gerhard Hackstein beurlaubt. Manfred Stephany mußte schon eine Woche zuvor seinen Rücktritt einreichen. Es ließ sich nicht mehr länger ignorieren, daß er das korrupte Geschäftsgebaren der Transnuklear von Anfang an gebilligt hatte. Am 18. Januar nimmt die Degussa AG die Nukem in ihre «unternehmerische Obhut» und verspricht den Zeitungslesern in großflächigen Annoncen, sie werde an der Aufklärung «der Vorfälle nach besten Kräften» mitwirken. Ein zynisches Versprechen, wenn man bedenkt, daß just von den Degussa-Steuerexperten Hans-Joachim Fischer die frühzeitige Abgabe einer Selbstanzeige ausgeredet worden war.

Der Proliferationsverdacht, den nicht nur Karlheinz Weimar und Walter Wallmann, sondern auch Volker Hauff ungeprüft weiterverbreiten, bringt das Faß endgültig zum Überlaufen. Dieter Kassing, der Redakteur des «Bonner Energiereports», der zunächst Weimar über Verdachtsmomente informiert und dabei um Vertraulichkeit gebeten hatte, grollt später: «Wallmann ist vorgeprescht. Er hat damit, vielleicht war es ein beabsichtigter Effekt, Recherchen enorm erschwert.» Entweder habe er mehr gewußt, oder aber er neige «in schwieriger Lage zur Panik». Schwierig ist die Lage wirklich. Gerade die Politiker, die monatelang beschwichtigt hatten, fordern deshalb jetzt in wohlbekannter Manier unverzügliche, rückhaltlose Aufklärung, Lothar Späth geißelt die «katastrophale Sauerei», Helmut Kohl findet alles «gänzlich unerträglich», und auch die hessischen Sozialdemokraten, die seit einem halben Jahr mit abstrusen Argumenten die von den Grünen geforderte Einsetzung eines Untersuchungsausschusses verhindert hatten, fallen um. Untersucht wird in drei Ausschüssen, dem des hessischen Landtags, dem des Bundestags und dem des Europaparlaments. Zu untersuchen gibt es wahrlich genug.

«Es muß tief geschnitten werden»

«Die TN ist doch nur die Spitze eines Eisberges», hatte Hans Holtz immer beteuert. «Es geht schon damit los, was bei dem Bau der Kernkraftwerke geschmiert wurde, dagegen sind unsere Zahlungen Peanuts.» Bei der Nukem würde munter geschmiert, und von der Konkurrenz nehme er dies auch an.

Nach den zitierten Aufzeichnungen eines ehemaligen Nukem-Mitarbeiters machten die «Nützlichen Aufwendungen», wie großzügige Geschenke und Schmiergelder dezent genannt wurden, jährlich bis zu 100 000 Mark aus. Die Nukem konnte diese Angaben «weder bestätigen noch dementieren». Sie ist demnach nicht nur als Muttergesellschaft der Transnuklear, deren Buchhaltung, Einkauf und etliches mehr sie abwickelte, in den Atomskandal verwickelt. Zwar wurden ebenso wie bei der Transnuklear drei Mitarbeiter entlassen, doch Werner Ihl beispielsweise, der als Leiter der Einkaufsabteilung die Videorecorder, Fernseher oder Autos besorgte, die verschenkt wurden, arbeitet unbeschadet weiter. «Ihl hat auch die Briefbögen von Scheinfirmen drucken lassen», sagt ein Ex-Transnuklear-Mann. «Mehr als zehn Leute, die definitiv an den Sachen beteiligt waren oder davon wußten, darunter auch Betriebsratsmitglieder, wurden bisher nicht entlassen.»

«Es muß tief geschnitten werden, wenn Vertrauen wiedergewonnen werden soll», war die Forderung des Bundesumweltministers Klaus Töpfer. Die Hanauer Firmen sind zu einer Reform an Haupt und Gliedern nicht in der Lage, ihren Mitarbeitern mangelt es selbst am dafür nötigen Unrechtsbewußtsein. «Nur die *FAZ* hat begriffen, daß es keinen TN-Skandal und keinen Nukem-Skandal gibt, sondern daß sich Deutschland in der ganzen Welt lächerlich macht.» So das Fazit von Werner Gombocz, dem Public Relation-Mann der Transnuklear. «Da haben sich halt viele Journalisten draufgestürzt, um Zeilengeld zu kassieren.» Ein Nukem-Sprecher grollt: «Es handelt sich doch in Wirklichkeit um einen Presseskandal.»

Nur weiter so. Der Selbstmord des Atoms ist nicht mehr aufzuhalten.

3. KLAUS TRAUBE
Spaltstoffe und Atommüll

Der Transnuklear-Skandal hat vor Augen geführt, daß in der Atomwirtschaft Korruption und Schlamperei mindestens so verbreitet sind wie in anderen Bereichen der Wirtschaft und der Gesellschaft. War das zu erwarten? Eigentlich doch wohl. Aber die deutsche Atomgemeinde hat sich selbst stets als die Verkörperung von Verantwortungsbewußtsein und Gewissenhaftigkeit präsentiert; man denke nur an die großformatigen Atomkraftwerker, die uns nach der Tschernobyl-Katastrophe unentwegt aus Zeitungsanzeigen anschauten und ansprachen – Garanten für die Sicherheit der deutschen Atomkraftwerke.

Dieses Bild ist gründlich zerkratzt worden, nicht nur von Atommüllkutschern, auch von den Sicherheitsbeauftragten der deutschen Kernkraftwerke, deren Namen auf den Schmiergeldlisten verzeichnet sind. Die bisher eher abstrakte Debatte um die Rolle menschlicher Fehlbarkeit in der Atomtechnik hat nun konkrete Konturen.

Der vorangegangene Beitrag hat die Vorgänge, die den Transnuklear-Skandal ausmachen, rekonstruiert und dabei die menschliche Dimension hervorgehoben. Diese Vorgänge beleuchten zudem – schlaglichtartig – die in der *Sache* begründeten Risiken der Erzeugung und des Umgangs mit Spaltstoffen und Atommüll. Im weiteren sollen die verschiedenen Dimensionen dieser sachlichen Problematik vorgeführt und mit den offiziellen Sprachregelungen konfrontiert werden. Zur Einführung werden die Stationen der Erzeugung und Behandlung von Spaltstoffen und Atommüll kurz vorgestellt.

Das Schema

Die Abbildung 1 zeigt schematisch die wichtigsten technischen Stationen des Kernenergiesystems und deren Verknüpfung. Nur der umrandete Teil repräsentiert eine großtechnisch im wesentlichen etablierte, technisch-wirtschaftliche Realität, alles übrige dagegen ergänzende Konzepte, deren einzelne Stationen teils (wie die Endlager) überhaupt noch nicht, teils erst in rudimentärer Form (als nichtkommerzielle Vorläufer) existieren.

Im großtechnischen Maßstab etabliert sind die Atomkraftwerke mit Leichtwasserreaktoren und deren Versorgung mit Uranbrennstoff, d. h. Urangewinnung, -anreicherung, -brennelementfabrikation. Leichtwasserreaktoren machen in der Bundesrepublik 98 Prozent, weltweit ca. 90 Prozent der installierten Atomkraftwerksleistung aus.

Das Natururan für die deutschen Leichtwasserreaktoren kommt aus dem Ausland. Die Anreicherung des (im Natururan nur zu 0,7 Prozent vorhandenen) spaltbaren Uranisotops U-235 (auf 3 bis 4 Prozent) geschieht größtenteils im Ausland, daneben in der deutschen Anreicherungsanlage in Gronau. Die Verarbeitung zu Brennelementen für deutsche Leichtwasserreaktoren findet im wesentlichen bei der Reaktor-Brennelement Union in Hanau statt. Sieht man vom Antransport des angereicherten Urans (in Form von Uranhexafluorid) ab, so ist die Fabrikation bei der Reaktor-Brennelement Union – relativ zu anderen Atomrisiken – eher unproblematisch, weil das unbestrahlte Uran nur schwach radioaktiv ist und die schwache Anreicherung waffentechnischen Mißbrauch ausschließt. Da auch das Unfallrisiko der Atomkraftwerke hier nicht zum Thema gehört, wird das großtechnisch etablierte System von Leichtwasserreaktoren und ihrer *Ver*sorgung mit Uranbrennelementen im folgenden nur unter dem Aspekt der *Ent*sorgung von abgebrannten Brennelementen und sonstigen radioaktiven Abfällen behandelt.

Das Schema zeigt neben den Leichtwasserkraftwerken nur noch einen anderen Typ von Atomkraftwerken, den mit Brutre-

Schema des Kernenergie-Systems

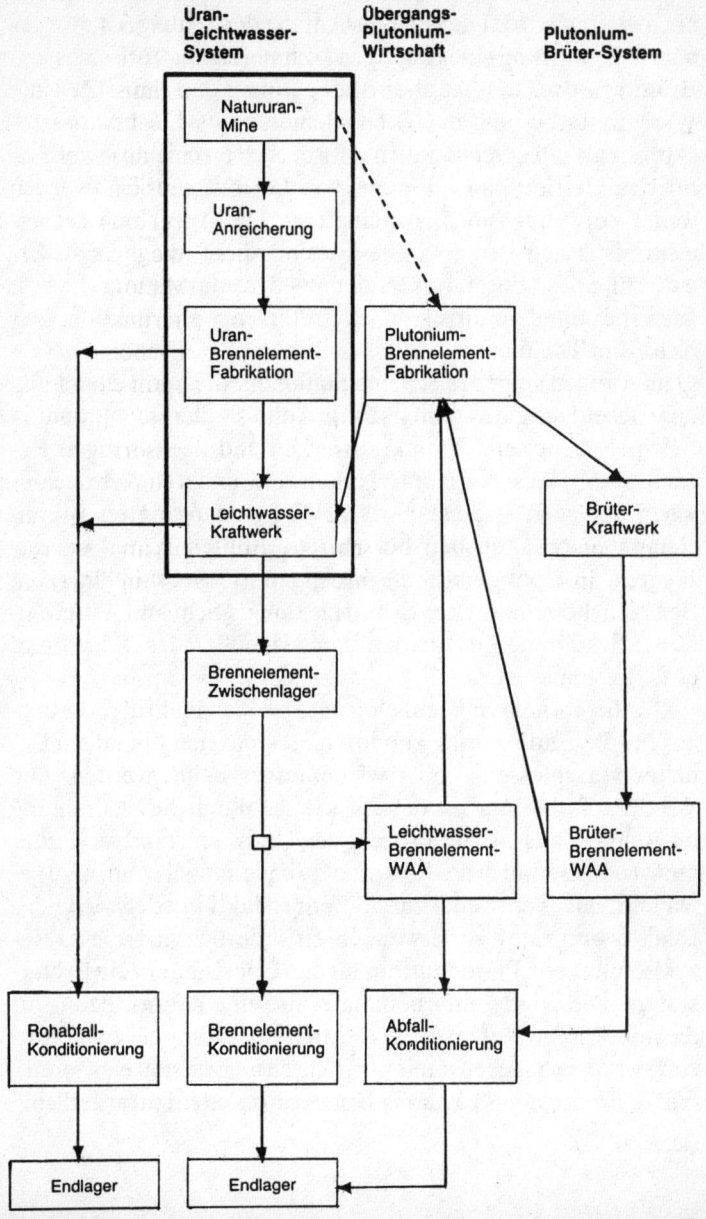

aktoren. Brüterkraftwerke spielen zwar derzeit und auch in der absehbaren Zukunft in der Praxis keine Rolle, wie im weiteren noch gezeigt wird. Die noch bis Anfang der achtziger Jahre genährte Erwartung eines baldigen kommerziellen Einsatzes von Brüterkraftwerken hat aber dazu geführt, daß lange Zeit die Wiederaufarbeitung der Brennelemente aus Leichtwasserreaktoren als selbstverständlich erforderlich erschien, obwohl sie für den Betrieb eines Systems von Leichtwasserkraftwerken weder notwendig noch vorteilhaft ist. Die Aufnahme des anachronistischen Brüters in das Schema dient lediglich zur Erläuterung des Hintergrundes der Wiederaufarbeitung. Es gibt auch spezielle Unfallrisiken des Brüters, aber sie gehören hier nicht zum Thema.

Im übrigen zeigt das Schema Stationen, die der Behandlung und Beseitigung des radioaktiven Abfalls – der abgebrannten Brennelemente aus Atomkraftwerken und der sonstigen Betriebsabfälle aus Atomkraftwerken und anderen kerntechnischen Anlagen – dienen sollen. Die abgebrannten Brennelemente enthalten den bei weitem größten Anteil der erzeugten Radioaktivität, die sonstigen Betriebsabfälle (zum Beispiel kontaminierte Schutzkleidung, Schrott, Filtereinsätze, Schlämme etc.) bilden demgegenüber das bei weitem größere Volumen.

Die abgebrannten Brennelemente können im Prinzip entweder für die Endlagerung konditioniert – das heißt in einem Behälter verschlossen – oder wiederaufgearbeitet werden. Die Wiederaufarbeitung hat den Zweck, das durch die Bestrahlung im Reaktor aus ca. ein Prozent des Urans entstandene Plutonium (daneben auch das Resturan) in handhabbarer Form zu gewinnen, um es entweder zur Waffenproduktion oder wieder als Reaktorbrennstoff zu verwenden. Erforderlich wäre diese «Rezyklierung» von Plutonium nur für den Übergang auf ein Brütersystem. Die Wiederaufarbeitung ist also eine Voraussetzung für die militärische Nutzung von Kernreaktoren; für die zivile Nutzung wäre sie dagegen nur im – praktisch nicht mehr relevanten – Fall des Übergangs zu einem Brutreaktorsystem erforderlich.

Das in der WAA gewonnene Plutonium kann, gemischt mit Uran (als sogenanntes Mischoxyd, kurz: MOX), zu Brennelementen nicht nur für Brüter, sondern auch für Leichtwasserreaktoren verarbeitet werden. Dies geschieht in der Bundesrepublik bei der Alkem in Hanau. Der überwiegende Teil des radioaktiven Inventars der Brennelemente wird nicht wieder verwendet. Die durchweg als «Entsorgung» präsentierte WAA hat also eine *Ver*sorgungsfunktion; sie muß selbst «entsorgt» werden.

Sämtliche radioaktiven Abfälle aus der WAA – die nicht zur Wiederaufarbeitung gelangenden Brennelemente und die sonstigen Betriebsabfälle – sollen schließlich in ein Endlager kommen. Sie müssen dazu in «Konditionierungsanlagen» in einen endlagerungsfähigen Zustand gebracht werden. Relativ am einfachsten wäre die Konditionierung kompletter Brennelemente. Sie sind in Behältern einzuschließen, wobei nur in geringem Maß Betriebsabfälle entstehen. Bei der Wiederaufarbeitung handelt es sich dagegen um einen äußerst komplexen Vorgang:

Dabei werden die Brennelemente mechanisch zerkleinert, der abgebrannte Brennstoff in Säure gelöst, das Plutonium und Resturan in verschiedenen Verfahrensschritten abgetrennt und gereinigt, die übrig bleibende hochaktive Spaltproduktlösung durch Verdampfen aufkonzentriert und durch Verglasen in einen «endlagerfähigen» Zustand gebracht. Daneben fallen die verschiedensten radioaktiven Abfälle als Gase, Flüssigkeiten und Reststoffe an, die wiederum für die Endlagerung konditioniert werden müssen. Das heißt – je nach Art des Abfalls – zerkleinern, kompaktieren, verbrennen, filtern, aufkonzentrieren, schließlich in Fässer mit Beton oder Bitumen vergießen. Insgesamt ist das Volumen der konditionierten Abfälle aus der Wiederaufarbeitung weitaus größer als das ursprüngliche Volumen der Brennelemente. Zudem fallen große Mengen tritiumhaltiger Wässer an, die in tiefe Erdschichten verpreßt werden sollen.

Die Konditionierung der Betriebsabfälle aus den Atomkraftwerken und sonstigen kerntechnischen Anlagen geschieht im Prinzip in gleicher Weise wie bei den vielfältigen Abfällen aus der Wiederaufarbeitung.

Atommüll

Das eingangs präsentierte Schemabild verbindet die einzelnen Stationen des Atomenergiesystems durch Pfeile, die Transporte symbolisieren. Auf dem Schema herrscht eine beruhigende Ordnung. Sie wurde gestört durch den Frankfurter Journalisten, der im vergangenen August herausfand, daß der Inhalt einer LKW-Ladung von Fässern mit Betriebsabfällen (die in Mol konditioniert worden waren) falsch deklariert wurde. Was daraufhin zutage gefördert wurde, ist im vorstehenden Kapitel beschrieben worden. Es stellte sich heraus:
- die vermutlich falsch deklarierten Fässer vermehrten sich sukzessive bis auf etwa 2500;
- Stichproben erwiesen die Anwesenheit u. a. von Plutonium und Kobalt in den Fässern;
- die staatlichen Kontrollen galten lediglich den Begleitpapieren;
- effektive Kontrollen sind praktisch kaum durchführbar, weil das Öffnen der Fässer und die Analyse des Inhalts zeitaufwendig und schwierig ist, Strahlungsmessungen von außen nur sehr unvollständige Auskunft über den Inhalt geben, insbesondere Plutonium nicht feststellen können;
- etliche Fässer, die «endlagerfähig» sein sollen, sind infolge interner Gasentwicklung sichtbar aufgebläht, so daß die Gefahr des Platzens und der Freisetzung von Radioaktivität besteht.

Diese Erkenntnisse lenkten die Aufmerksamkeit auf die rund 40 000 Kubikmeter radioaktiver Abfälle, die in den Kernkraftwerken, Kernforschungszentren, Brennelementfabriken und sonstigen kerntechnischen Einrichtungen der Bundesrepublik lagern, darunter gut 50 000 Fässer mit Betriebsabfällen. Wer kann für deren Inhalt angesichts der Quasiunmöglichkeit effektiver Kontrollen bürgen? Künftig vermehrt sich dieser Müllberg jährlich um mehr als 10 000 Kubikmeter! Die Beorderung von Polizisten zur Kontrolle der in die Hanauer Nuklearbetriebe ein- und ausfahrenden Transporte erwies sich als reine Geste; wie sollten sie den transportierten Inhalt kontrollieren? Wie und wer soll die Unzahl der Transporte von Spaltmaterial (Uranhexafluorid, Plutonium, frische Brennelemente) und Atommüll (bestrahlte Brennelemente und Betriebsabfälle) wirksam kontrollieren, die täglich kreuz und quer durch die Bundesrepublik und über ihre Grenzen fahren – was die sensibilisierte Öffentlichkeit nun plötzlich feststellte?

Die Hilflosigkeit des Staates gegenüber diesem Kontrollproblem wird illustriert durch die Tatsache, daß zunächst ein Journalist die Manipulation des Inhalts der von Transnuklear transportierten Fässer aufdeckte und nicht etwa die staatliche Aufsicht, auch nicht die Staatsanwaltschaft, die doch schon lange zuvor in Sachen Transnuklear (wegen der Bestechungsaffäre) ermittelte. Vor der Aufdeckung des Bestechungsskandals wäre es als selbstverständlich erschienen, daß schon die Selbstkontrolle der Atomwirtschaft – zum Beispiel durch die Strahlenschutzbeauftragten in den Atomkraftwerken – solche Manipulationen verhindern werden. Nunmehr fordern selbst Politiker, die der Atomwirtschaft nahestehen, deren «lückenlose» Kontrolle.

Der Umweltminister demonstrierte Entschlossenheit. Er forderte, daß in den Atomkraftwerken Konditionierungsanlagen für die Betriebsabfälle errichtet werden. Damit würde tatsächlich ein Teil des nuklearen Transportunwesens entfallen, nämlich Transporte von Betriebsabfällen zur Konditionierung und zurück zur Zwischenlagerung in die Atomkraftwerke. Aber wer garantiert dann für den Inhalt der Fässer? Wird da nicht der Bock zum Gärtner gemacht? Oder sollte etwa in Zukunft eine Kompanie Beamter eines Bundesamtes für Strahlenschutz, das der Umweltminister in der Folge des Skandals forderte, die Verfüllung jedes Fasses – jährlich Tausende – in den Atomkraftwerken überwachen? Soll die Dezentralisierung der komplexen Konditionierungstechnik etwa deren Qualität verbessern, die Produktion von «Blähfässern» verhindern?

Schon dieses Beispiel weist darauf hin, daß lückenlose Kontrolle eine Fiktion ist. Dabei gibt dieses Beispiel nur einen schmalen Ausschnitt aus dem Atommüllproblem. Schon wegen beschränkter Lagerkapazität können die Betriebsabfälle nur vorübergehend in den Atomkraftwerken bleiben. Dies gilt vor allem auch für die Brennelemente, die – teils nach einem Aufenthalt in Zwischenlagern – wiederaufgearbeitet werden sollen, was nachhaltig als «Entsorgung» der Atomkraftwerke gedeutet (schlichter gesagt: verkauft) wird. Doch die Wiederaufarbeitung verwandelt den Atommüll lediglich. So wird allein die in Wackersdorf geplante Anlage – neben den verglasten hochaktiven Abfällen – bei auslegungsgemäßem Betrieb jährlich über 8000 Fässer (à 400 Liter) mit sogenanntem mittel- und schwachaktivem Abfall produzieren (zusätzlich tausend Kubikmeter tritiumhaltiger Wässer), die dort auch nur vorübergehend gelagert werden können (vgl. WAA, erste Teilgenehmigung 1985).

Die schon existierenden und ständig wachsenden Atommüllberge scheinen der Bundesregierung, die das Atomgesetz verpflichtet, «Anlagen zur Sicherstellung und zur Endlagerung radioaktiver Abfälle einzurichten», keine Sorgen zu bereiten. Jedenfalls verbreitet sie auch mit dem jüngst – im Januar 1988 – vorgelegten «Entsorgungsbericht» die Zuversicht, daß mit den Zwischenlagern in Gorleben und Ahaus sowie den Endlagern im Schacht Konrad (für Abfälle mit «vernachlässigbarer Wärmeentwicklung») und im Salzstock Gorleben (für «alle Arten radioaktiver Abfälle, insbesondere wärmeentwickelnde») die Lagerung des Atommülls gesichert werde. Der Haken ist nur, daß derzeit nicht einmal für diese

Zwischenlager, geschweige denn für die beiden vorgesehenen Endlager, abzusehen ist, ob dort tatsächlich einmal Atommüll eingelagert werden darf.

Die Endlagerung

Die Endlagerung ist das brisanteste der vielen Probleme, die der Atommüll bereitet. Im Prinzip geht es darum – soviel ist wohl allgemein bekannt –, radioaktive Abfälle über «geologische» Zeiträume sicher von der Biosphäre abzuschließen. Der jüngste «Entsorgungsbericht» verkündet abschließend: «Das Erkundungsprogramm für den Salzstock Gorleben läßt erwarten, daß ein Endlager für diese radioaktiven Abfälle, weltweit als erstes, Anfang des nächsten Jahrtausends für den nationalen Bedarf zur Verfügung stehen wird.»

In Kapitel 4 – werden die Probleme der Entsorgung, insbesondere die der Endlagerung, unter die Lupe genommen und die offizielle Informationspolitik mit den Realitäten konfrontiert. Was dort näher erläutert wird, sei hier quintessenzartig zusammengefaßt.

Die Fässer-Affäre enthüllt schlaglichtartig eine kaum begreifliche Sorglosigkeit im Umgang mit dem Atommüll. Sie betrifft nicht nur das System der Kontrolle; der Mangel an Vorsorge wird auch sichtbar daran, daß die Betriebsabfälle – mangels ausreichender Konditionierungskapazität im Inland – großenteils im Ausland (Belgien, Schweden) konditioniert werden. Generell ist das Problem der Beseitigung des Atommülls – nicht nur in der Bundesrepublik – erst spät und dann lange Zeit mit geradezu naiver Sorglosigkeit behandelt worden.

So wurden von 1967 bis 1978 im stillgelegten Salzbergwerk Asse weit über hunderttausend Fässer mit schwach- und mittelaktiven Abfällen eingelagert, entsprechend etwa dem gesamten, derzeit in der Bundesrepublik oberirdisch lagernden

Atommüll. Damit entstand unter der Etikettierung «Versuchs-endlagerung» ein umfangreiches Endlager – ohne ein atom-rechtliches Genehmigungsverfahren. Nachdem erst 1976 die atomrechtliche Genehmigung für Endlagerstätten gesetzlich verankert wurde, mußte die Einlagerung beendet werden.

Im Jahre 1977 wurde der Salzstock in Gorleben als universelles deutsches Endlager benannt. Parallel dazu begannen Untersuchungen zur Eignung des 1976 stillgelegten Eisenerzbergwerks Konrad als spezielles Endlager für schwachaktive Abfälle. Voruntersuchungen hatten zu einer Liste geeignet erscheinender Salzstöcke geführt, die den in Gorleben lediglich unter «ferner liefen» verzeichnete; seine Auswahl ist sachlich nicht begründbar. Dennoch erklärte ihn die Bundesregierung schon im Entsorgungsbericht 1978, bevor die Standorterkundung begonnen hatte, als geeignet. Nach Auswertung der ersten Untersuchungsergebnisse, ab 1982, erklärten dagegen verschiedene Gutachter den Standort Gorleben für ungeeignet. Auch die mit der Endlagerung betraute Physikalisch-Technische Bundesanstalt (PTB) forderte mehrfach – insbesondere nach einer «internen Gesamtbewertung» vom Mai 1983 –, andere Standorte zu erkunden, wurde dann aber von der Bundesregierung angewiesen, sich dazu nicht mehr zu äußern. [*]

Die laufend zutage tretenden negativen Erkundungsergebnisse führten nicht zur Aufnahme vergleichender Untersuchungen anderer Standorte, sondern zum – 1985 bekanntgegebenen – Plan, den Standort Gorleben zu entlasten: Im Schacht Konrad sollen nun alle schwachaktiven und zusätzlich die nicht wärmeentwickelnden mittelaktiven Abfälle – mithin 95 Prozent des Abfallvolumens – eingelagert werden. Aber auch dort mehren sich die Probleme. Als Beginn der Einlagerung in Konrad galt im Jahr 1983 offiziell das Jahr 1988, derzeit das Jahr 1993.

Die anfangs naive Unterschätzung des Endlagerproblems wirkt sich nunmehr als verbissenes Festhalten an den einmal

---

[*] Dies gab die PTB im Juli 1985 vor Pressevertretern zu (vgl. zum Beispiel *Frankfurter Rundschau*, 25. Juli 1985).

gewählten Standorten aus. Werden sie durchgepaukt, so würde das ohnehin mit der Endlagerung verbundene Langzeitrisiko unnötigerweise durch nichtoptimale Standorte erhöht. Davon abgesehen haben die Untersuchungen zur Endlagerung, die – hierzulande wie international – ernsthaft erst im Verlauf des vergangenen Jahrzehnts einsetzten, eine generelle Erkenntnis gefördert:

Kein Standort wird wirklich die Gewähr bieten können, den eingelagerten Atommüll vor der Biosphäre abzuschließen für den unvorstellbaren Zeitraum, während dessen er ein enormes Gefahrenpotential für das Leben auf der Erde bleibt. Es geht aber darum, das auf künftige Generationen verlagerte schreckliche «Restrisiko» wenigstens zu minimieren – durch sorgfältige Standortwahl und dadurch, nicht immerfort zusätzlichen Atommüll zu produzieren.

Waffentaugliche Spaltstoffe

Am 14. Januar 1988 äußerte der hessische Ministerpräsident Wallmann öffentlich den Verdacht, zur Waffenherstellung geeignetes Spaltmaterial könne nach Pakistan oder Libyen verschoben worden sein. Einige Tage lang war dieser Verdacht das herausragende öffentliche Thema in der Bundesrepublik. Der für Reaktorsicherheit zuständige Bundesumweltminister sprach von der «Horrorvision, daß Ghaddafi mit unserer Hilfe zur Atombombe käme» (*taz*-Interview, 18. Januar 1988). Nachdem sich herausstellte, daß der Verdacht auf vagen Hinweisen beruhte, änderte sich die offizielle Tonlage: eine illegale Abzweigung von Spaltmaterial sei infolge der strikten internationalen Kontrolle nicht möglich. Wenn das so wäre, warum hat dann Wallmann, der als früherer Bundesminister für Reaktorsicherheit doch intime Kenntnis dieser brisanten Materie besitzen dürfte, den Verdacht öffentlich geäußert?

Diese Episode hat die Öffentlichkeit sensibilisiert für ein Risiko, das zuvor in der Atomenergie-Kontroverse in der Bundesrepublik wenig beachtet wurde: Abzweigung von Spaltmaterial aus dem zivilen Atomenergiesektor zur Herstellung von Atomwaffen.

Atombomben und Atomkraftwerke haben eines gemeinsam: Sie erzeugen Energie durch eine «Kettenreaktion» von Atomspaltungen. Diese Kettenreaktion verläuft ungebremst bei der Atombombe, gebremst im Atomreaktor. Aber die Spaltstoffe (Stoffe, die durch Einfangen eines Neutrons gespalten werden können) sind die gleichen.

In der Natur kommt nur ein Spaltstoff vor: das Uranisotop U-235. Es ist mit einem Anteil von 0,7 Prozent im Natururan vertreten. Diese geringe Konzentration genügt nicht zum Bau einer Atombombe, das Natururan ist nicht «waffentauglich». Nur mittels technisch schwieriger, sehr kostspieliger Isotopen-Trennanlagen (Anreicherungsanlagen) kann Uran mit höherer Konzentration an U-235 hergestellt («angereichert») werden. Zur Verwendung als Kernbrennstoff für die kommerziellen Kernkraftwerke mit Leichwasserreaktoren ist die Anreicherung auf drei bis vier Prozent U-235 in einer solchen Anlage erforderlich. Nicht bei dieser schwachen Anreicherung, sondern nur bei hoher Anreicherung ist Uran waffentauglich. In Anreicherungsanlagen, die – wie die deutsche in Gronau – nur zur schwachen Anreicherung des Brennstoffs für kommerzielle Kernkraftwerke bestimmt sind, kann auch hochangereichertes Uran produziert werden.

Hochangereichertes Uran ist einer der beiden zur Bombenherstellung dienenden Spaltstoffe. Die Hiroshima-Bombe bestand daraus, die Nagasaki-Bombe aus dem anderen Spaltstoff, Plutonium.

Plutonium kommt in der Natur nicht vor. Es entsteht in den Uranbrennelementen in Atomreaktoren aus dem Uranisotop U-238, das zu 99,3 Prozent im Natururan enthalten ist. Es kann mittels einer Wiederaufarbeitungsanlage aus diesen Brennelementen nach Entladung aus dem Reaktor gewonnen werden.

Man benötigt also zur Gewinnung des Plutoniums für Atombomben sowohl einen Atomreaktor als auch eine Wiederaufarbeitungsanlage.

Im Prinzip gibt es noch weitere Spaltstoffe, die freilich in der Praxis keine Rolle spielen. Zum einen entstehen in den Uran-Brennelementen neben Plutonium in geringeren Mengen noch spaltbare «Transplutone», die aber bei der Wiederaufarbeitung nicht gewonnen werden, sondern im hochaktiven Abfall bleiben. Zum anderen läßt sich im Prinzip auch aus einer Mischung von hochangereichertem Uran und Thorium Reaktorbrennstoff herstellen. Dabei entsteht aus dem Thorium das in der Natur nicht auftretende spaltbare Uranisotop U-233.

Dieser Uran-Thorium-Brennstoff spielt in der kommerziellen Praxis keine Rolle, wurde aber lange Zeit für den Hochtemperaturreaktor (HTR) propagiert, von dem es in der Bundesrepublik zwei nichtkommerzielle Exemplare, sonst nur in den USA noch eins gibt. Mangels Aussicht auf Verbreitung dieses Typs ist die Entwicklung eines Verfahrens zur Wiederaufarbeitung seines Brennstoffs aufgegeben worden. Der ausgediente HTR-Brennstoff soll («direkt») endgelagert werden. Somit kann das aus Thorium «erbrütete» U-233 nicht gewonnen werden. Ohne diese Perspektive ist der Uran-Thorium-Brennstoff nicht attraktiv. Daher wird für die in der Bundesrepublik immer noch fleißig propagierten Projekte künftiger Hochtemperaturreaktoren nurmehr schwach angereichertes Uran als Brennstoff vorgesehen.

Die beiden in der Bundesrepublik existierenden Hochtemperaturreaktoren werden aber weiter mit Brennstoff aus hochangereichertem Uran (93 Prozent U-235) beschickt. Etwa fünfzehn Kilogramm dieses leicht handhabbaren, nur sehr schwach radioaktiven Materials genügen zur Herstellung einer Atombombe. Die Nukem (bzw. ihre benachbarte Tochter HOBEG) verarbeitet dieses brisante Material in Hanau zu Brennelementen für den Hochtemperaturreaktor, daneben für einige kleine in- und ausländische Forschungsreaktoren.

Die kommerzielle Nutzung der Kernenergie würde durch ein

Verbot der Erzeugung und Verarbeitung hochangereicherten Urans überhaupt nicht berührt – sie benötigt es nicht. Daher haben auch die Internationale Atomenergiebehörde (IAEO) und die INFCE (ein internationales Gremium, das sich Ende der siebziger Jahre mit der Gefahr des waffentechnischen Mißbrauchs von Spaltmaterial befaßte) empfohlen, hochangereichertes Uran nicht länger zu verwenden und die wenigen Forschungsreaktoren, in denen es eingesetzt wird, auf niedrige Anreicherung umzustellen. Beim Hochtemperaturreaktor ist das, wie gesagt, auch möglich, für die Zukunft ohnehin geplant. Die in Hessen 1985 zur Lösung der Konflikte um die Hanauer Nuklearbetriebe eingesetzte Gutachtergruppe («Doppel-Vierer») hat diese Empfehlung aktualisiert und ein gesetzliches Verbot des Umgangs mit hochangereichertem, waffentauglichem Uran in der Bundesrepublik angeregt.

Die Tatsache, daß die Empfehlungen der IAEO/INFCE und der hessischen Gutachtergruppe weder befolgt wurden – was nahezu schmerzlos möglich wäre – noch auch nur in der öffentlichen Diskussion um die Atomenergie nennenswerte Beachtung fanden, illustriert den hohen Grad der Verdrängung der Gefahren des Mißbrauchs von waffenfähigem Spaltmaterial.

Plutonium

Die Nichtbeachtung des Problems hochangereichertes Uran mag damit zusammenhängen, daß dieses Material in den kommerziellen Atomkraftwerken gar nicht vorkommt, daher von vornherein wenig Aufsehen erregt. Der andere Bombenrohstoff, Plutonium, fällt dagegen bei der kommerziellen Nutzung der Kernenergie an, gerät so eher in das Blickfeld.

Die Gefährlichkeit des Plutoniums wurde in der Öffentlichkeit bereits zu Beginn der sechziger Jahre – lange vor Ausbruch der Kontroverse um die Atomkraftwerke – bekannt im Zuge der weltweiten Diskussion um die radioaktiven Niederschläge (fallout), die aus den oberirdischen Atombombentests resultierten – deren Beendigung die USA und die Sowjetunion daraufhin vereinbarten. Schon damals verbreitete sich die Kenntnis, daß Plutonium einerseits Bombenrohstoff, andererseits ein Supergift ist. Bei Einatmung feiner Schwebeteilchen wirkt bereits etwa ein hunderttausendstel Gramm subakut (innerhalb von Monaten) tödlich. Die internationale Strahlenschutzkommission (ICRP) hat Plutonium als das furchtbarste (most formidable) Element im periodischen System der Elemente qualifiziert.

Etwa seit Anfang des Jahres 1985 – also seit der Entscheidung zum Bau der Wiederaufarbeitungsanlage in Wackersdorf und den hessischen Auseinandersetzungen um die Hanauer Plutoniumfabrik Alkem – spielt Plutonium eine bedeutende Rolle in der deutschen Atomenergiekontroverse (Stichwort «Plutoniumwirtschaft»). Zuvor hatte die Öffentlichkeit in der Bundesrepublik von der Möglichkeit, das in den Kernkraftwerken entstehende Plutonium für Atomwaffen zu mißbrauchen, allenfalls sporadisch Notiz genommen. Nunmehr verbreitete sich der Verdacht, das Interesse am Bau der Wiederaufarbeitungsanlage und an der Ausweitung der Produktionskapazität der Alkem könne militärstrategischer Natur sein. Erstmals im September 1985 widmeten deutsche Atomkritiker dem Zusammenhang zwischen ziviler und militärischer Nutzung der Atomenergie eine Tagung (vgl.: Atombomben, 1986), die diesen Verdacht näher erörterte. Die Möglichkeit der illegalen Abzweigung von Spaltmaterial für den internationalen Schwarzmarkt oder der Entwendung durch Terroristen bzw. Agenten fremder Staaten kam bezeichnenderweise nicht zur Sprache. Für diese Thematik wurde die Öffentlichkeit erst durch den von Wallmann geäußerten Verdacht sensibilisiert. Zwar hatten einige wenige sachkundige Kritiker auch in Deutschland wiederholt auf ein solches Entwendungsrisiko – auch im Zusammenhang mit dem Phänomen des Nuklearterrorismus – hingewiesen, damit aber nur wenig Resonanz erzeugt (vgl. Roßnagel, 1987).

Die relativ späte und dann einseitige Beachtung des Problems der Waffentauglichkeit des im zivilen Atomsektor entstehenden Plutoniums wird verständlich anhand eines Rückblicks. Atomreaktoren wurden zunächst – in den Kernwaffenstaaten – mit dem Ziel gebaut, Plutonium für Atomwaffen zu erzeugen. Die später gebauten Leichtwasserreaktoren wurden dagegen mit dem Ziel entwickelt, möglichst wirtschaftlich Strom zu erzeugen. Das in den ausgedienten Brennelementen dieser Kraftwerksreaktoren enthaltene Plutonium hat eine andere isotopische Zusammensetzung und ist daher weniger geeignet für die Waffenproduktion als das der speziell für militärische Zwecke entwickelten Reaktoren. Daher konnte sich lange Zeit die Auffassung halten, das Plutonium aus Leichtwasserreaktoren sei nicht waffentauglich – zumal diese Auffassung seitens der Atomwirtschaft sowie ihres wissenschaftlichen und politischen Umfelds aus Sorge um das Image der «friedlichen Nutzung der Kernenergie» tunlichst gestützt wurde. Diese Art der Imagepflege wird in der Bundesrepublik noch immer betrieben. So behauptet die weitgestreute Broschüre *Fragen und Antworten zur Kernenergie* der Informationszentrale der Elektrizitätswirtschaft (Ausgabe August 1984) schlicht, das aus Leichtwasserreaktoren stammende Plutonium sei für eine waffentechnische Verwendung «ungeeignet».

Die physikalisch-technische Problematik der Herstellung von Atombomben aus dem Plutonium, das aus den kommerziell genutzten Leichtwasserreaktoren stammt, wird im Kapitel 5 erläutert. Dort wird auch der Verlauf der politischen Diskussion um die Waffentauglichkeit dieses Plutoniums und deren Konsequenzen nachgezeichnet. Diese Diskussion soll zunächst soweit resümiert werden, wie dies zum Verständnis des Weiteren erforderlich scheint.

Die mit der Ausbreitung der zivilen Nutzung der Atomenergie offensichtlich einhergehende Gefahr der weltweiten Verbreitung (Proliferation) von Atomwaffen hatte die USA und die Sowjetunion 1965 zu Verhandlungen über den Atomwaffensperrvertrag bewogen. Nachdem die Vollversammlung der

Vereinten Nationen diesen Vertrag mit großer Mehrheit gebilligt hatte, traten ihm in den folgenden Jahren die meisten – keineswegs alle – Staaten bei. Damit hatten sie sich verpflichtet, das im zivilen Bereich vorhandene Spaltmaterial nicht zur Herstellung von Atomwaffen zu verwenden und der Kontrolle durch die Internationale Atomenergie-Behörde zu unterwerfen.

Auf diesem Hintergrund entwickelte sich in den USA eine besorgte Diskussion um die verbleibenden Möglichkeiten des Mißbrauchs von Spaltmaterial. Nicht etwa Atomgegner, sondern namhafte Atomwaffenexperten thematisierten seit 1970 das Risiko der Gewinnung von Plutonium aus den kommerziellen Leichtwasserreaktoren und setzten die Erkenntnis durch, daß dieses «Reaktor-Plutonium» durchaus zum Bombenbau geeignet ist, was später, 1977, ein Atombombentest bestätigte.

Strittig blieb zunächst, ob auch terroristische Gruppen oder kleine Staaten ohne entwickelte technisch-wissenschaftliche Infrastruktur fähig sein könnten, eine Bombe aus Reaktor-Plutonium herzustellen und zu zünden. Diese Frage bejahten zunächst einzelne Waffenexperten, schließlich 1977 die Expertisen zweier angesehener Institutionen – der «Nuclear Energy Policy Study Group» (Ford/Mitre Report) und des Office of Technology Assessment (OTA). Daraus resultierte die Empfehlung, die Wiederaufarbeitung des Brennstoffs aus den zivilen Kernkraftwerken – folglich auch den Bau von Brüterkraftwerken – zu unterbinden.

Diese Empfehlung setzte Präsident Carter nach seinem Amtsantritt im Jahr 1977 für die USA um. Carter versuchte, diesen Schwenk in der Nuklearpolitik international durchzusetzen. Er stieß dabei auf heftigen Widerstand einiger großer Industriestaaten mit entwickelter Atomwirtschaft und Brüter-Engagement, die ihre vermeintlichen künftigen Exportchancen bedroht sahen. Widerstand leistete insbesondere die Bundesrepublik, deren Atomindustrie im Rahmen eines vermeintlichen – inzwischen arg lädierten – Supergeschäfts in Brasilien unter anderem auch eine Wiederaufarbeitungs- und eine

Anreicherungsanlage installieren wollte, was damals schwere Verstimmungen in der Beziehung mit den USA hervorrief.

Carters Vorstöße wurden abgebogen durch die Einsetzung einer Konferenz zur «Internationalen Bewertung des nuklearen Brennstoff-Kreislaufs» (INFCE), die von 1978 bis 1980 tagte mit dem Auftrag, Vorschläge zur Verminderung der Gefahren des Mißbrauchs von Spaltmaterial zu erarbeiten. Sie dokumentierte ihre Arbeit auf mehr als zwanzigtausend Seiten, deren Inhalt – wie kaum anders zu erwarten – niemandem weh tat.

Die bundesrepublikanische Atomszene reagierte auf die Politik der Carter-Regierung mit der – mehr oder weniger offenen – Unterstellung, sie diene amerikanischen Exportinteressen. Im übrigen lautete die Sprachregelung, die Bundesrepublik habe sich dem Atomwaffen-Sperrvertrag unterworfen; das Problem der Proliferation von Atomwaffen sei nicht technisch, sondern nur politisch zu lösen.

Die Diskussionen des Problems der Waffentauglichkeit des Reaktor-Plutoniums wurden in einhelligem Zusammenspiel von Staat, Atomwirtschaft und -wissenschaft tunlichst vermieden, von möglicher Entwendung war keine Rede. Diese Verdrängung wahrhaft existentieller Risiken wirkt gespenstisch, insbesondere im Kontrast zu der Offenheit, mit der die Proliferationsprobleme in den USA – auch seitens des Establishments – diskutiert wurden.

Entwendung von Plutonium

Der hessische Ministerpräsident hat diesen Vorhang des Schweigens aufgerissen, als er den Verdacht äußerte, waffenfähiges Spaltmaterial könne illegal abgezweigt worden sein. Plötzlich stellte sich in der Öffentlichkeit das Bewußtsein dafür ein, daß nicht nur die Existenz von Atomkraftwerken, sondern auch die von Spaltmaterial dramatische Konsequenzen haben könnte. Angesichts der «Horrorvision» (Töpfer) von Atombomben in der krisengeschüttelten arabischen Region, gefüllt mit Spaltmaterial aus dem Bereich der «friedlichen Nutzung der Kernenergie», verstummten die Sprachregler. Als sich herausstellte, daß der Verdacht nicht durch handfeste Belege untermauert war, wurden die probaten Sprachregelungen wieder in Kraft gesetzt: Die internationalen Kontrollen machen nun wieder die Abzweigung von Spaltmaterial «unmöglich».

Inzwischen hatten freilich die Journalisten zahlreiche Hinweise auf Unzulänglichkeiten des Kontrollsystems aufgestöbert (zum Beispiel *Der Spiegel*, Nr. 3/1988, S. 22f). Eine ansehnliche Fallsammlung zum Verschwinden von Spaltmaterial und zum Schwarzmarkt für Spaltstoffe hatte zuvor schon A. Roßnagel dokumentiert (Roßnagel, 1987, S. 28ff). Erst kürzlich hatten Londoner Fernsehjournalisten aufgedeckt, daß der Sudan jahrelang als illegaler Umschlagplatz für Spaltmaterial diente, das aus dem zivilen Bereich stammt (vgl. *Süddeutsche Zeitung*, 2. 11. 1987). Die in der Einleitung erwähnten Vorfälle in Hanau – Fälschung von Plutonium-Buchungen bei Alkem, Verschwinden von 25 Kilogramm Uran bei der Reaktor-Brennelement-Union – zeigten schon, daß der Spaltstoffkontrolle auch dort wohl manches entgeht. Wie paßt all dies zu der Behauptung, die internationale Kontrolle mache Abzweigungen von Spaltmaterial unmöglich?

Zunächst einmal ist kein Kontrollsystem perfekt, schon weil es von fehlbaren Menschen gehandhabt wird, die überlistet werden können, unaufmerksam, fahrlässig, sogar bestechlich oder kriminell sein können. Kontrollen können unerwünschte Handlungen erschweren, sie unwahrscheinlich, aber nicht unmöglich machen. Im Fall der Spaltstoff-Kontrollen gibt es außerdem Grenzen, die in der Natur nicht der Menschen, sondern der Sache begründet sind.

Derzeit werden aus den Kernkraftwerken der Bundesrepublik jährlich Brennelemente entladen mit insgesamt etwa 500 Tonnen Gehalt an «Schwermetall» (Uran mit Einlagerungen von Plutonium und Spaltstoffen), darunter rund fünf Tonnen Plutonium. Bei einer Mindestmenge von etwa fünf Kilogramm Plutonium für eine Bombe entspricht das rund tausend Atombomben jährlich. Die Abzweigung etwa eines Tausendstels dieser Jahresproduktion genügt zur Herstellung einer Atombombe.

Nun kann man Brennelemente einfach abzählen. Die entladenen Brennelemente strahlen – im Gegensatz zu den frischen – enorm. Beim Transport befinden sie sich in rund hundert Tonnen schweren Behältern auf Spezialfahrzeugen. Eine heimliche Abzweigung ist mithin ausgeschlossen, zudem sinnlos, da man ohne Wiederaufarbeitung – also ohne eine sehr aufwendige chemische Fabrik – das Plutonium nicht gewinnen kann.

In einer Wiederaufarbeitungsanlage kann ein im Anlagenbetrieb tätiger Mitarbeiter häufiger gewisse Mengen plutoniumhaltiger Flüssigkeit abzapfen. Entnahmen, beispielsweise für Analysezwecke oder bei der Reinigung von Anlageteilen, gehören zur Routine. In der Regel wird das entnommene Material bald wieder in den Prozeß zurückgeführt. Geschieht dies nicht, wird das Material also irrtümlich oder bewußt abgezweigt (in der Anlage versteckt oder aus ihr herausgeschmuggelt), so sollte das Spaltstoffkontrollsystem dies möglichst entdecken. Es kann dies aber nur innerhalb gewisser Grenzen aus Gründen, die hier in grober Vereinfachung skizziert werden sollen.

Im Prinzip kann man die Abzweigung von Plutonium entdecken durch einen Vergleich der Plutoniummengen, die mit den Brennelementen in die Anlage gehen, mit denen, die als abgetrenntes Plutonium herauskommen. Was herauskommt, liegt in Form einer Flüssigkeit (Plutoniumnitratlösung) in einzelnen Behältern vor, deren Plutoniumgehalt recht genau bestimmt werden kann. Beim Vergleich mit den in die Anlage eingehenden Plutoniummengen treten aber – unter anderem – folgende Bilanzierungsprobleme auf:

– Der Plutoniumgehalt der Brennelemente wird rechnerisch

ermittelt, dies mit einer beschränkten Genauigkeit (Größenordnung ein Prozent);

– Im Verlauf des Prozesses wandert Plutonium in die Abfälle. Diese Verlustmenge (Größenordnung ein Prozent) kann man nicht durch Messung quantitativ erfassen, nur schätzen.

– Die zwischen dem Brennelement-Eingang und dem Plutonium-Ausgang in der Anlage vorhandenen Plutoniummengen sind meßtechnisch nicht exakt erfaßbar.

Infolge dieser drei wichtigsten und einiger anderer Fehlerquellen geht die buchhalterische Plutoniumbilanz – systembedingt – nicht genau auf. Die genaueste Bilanz erhält man bei periodisch erfolgenden Inventuren, bei denen die Anlage entleert und gereinigt wird. Dadurch wird der an dritter Stelle genannte Fehler wesentlich verkleinert. Er wird aber nicht ausgeschaltet, denn in der Praxis verbleiben auch bei Inventuren Restmengen in der Anlage, die nur ungenau bestimmbar sind.

Zwischen den Inventuren, während des Betriebs der Anlage, werden die in den verschiedenen Stoffströmen wandernden Plutoniummengen meßtechnisch erfaßt. An gewissen Meßstellen werden die Flüssigkeitsströme gemessen, anhand entnommener Proben wird ihr Gehalt an Plutonium analysiert. Die verschiedenen Meßergebnisse werden zu Bilanzen verarbeitet, die – jeweils zeitverzögert – Auskunft über die in der Anlage vorhandenen Plutoniummengen geben. Diese Auskunft ist aber aus logistischen, verfahrens- und meßtechnischen Gründen wenig exakt.

Die genaueste Auskunft darüber, ob Plutonium abgezweigt wurde, ergibt sich nach einer Inventur. Sie findet etwa halbjährlich statt, kann also nur entdecken, ob im Verlauf des vergangenen Halbjahres Plutonium abgezweigt wurde. Dies kann aber nur entdeckt werden, wenn die abgezweigte Menge nicht untergeht im Rahmen der systembedingten Bilanzungenauigkeiten. Die während des Betriebes erstellten Bilanzen sind noch ungenauer, erfassen dafür kürzere Zeiträume.

Prinzipielle Grenzen der Spaltstoffkontrolle, wie sie hier für eine Wiederaufarbeitungsanlage skizziert wurden, gibt es auch bei der Verarbeitung des Plutoniums zu Brennelementen, die bei der Alkem in Hanau geschieht. Auch dort durchläuft das Plutonium Prozesse, entstehen verschiedene Stoffströme, aus denen es (hier auch in fester Form) abgezweigt werden kann, entsteht plutoniumhaltiger Abfall, werden Inventuren durchgeführt, bleibt die Bilanz ungenau. Erst die als Endprodukt entstehenden plutoniumhaltigen Brennelemente sind exakt – einfach durch Zählen – erfaßbar. Sie sind zudem so groß, daß man sie aus einer bewachten Anlage kaum herausschmuggeln kann.

Die aufgezeigten Grenzen der Kontrolle des Plutoniums liegen in der Natur der Verfahren zu seiner Gewinnung aus den abgebrannten Brennelementen und seiner Verarbeitung zu frischen Brennelementen. Sie begrenzen von vornherein die Möglichkeiten der Entdeckung von Abzweigungen. Das internationale Überwachungssystem hat darüber hinaus weitere Schwächen: Die Kontrolleure haben begrenzte Befugnisse. Sie haben keinen unbeschränkten Zutritt zu den Anlagen, dürfen Personen nicht kontrollieren, die Produktion nicht nennenswert beeinträchtigen. Zudem sind sie auch nur Menschen.

Das brisante Problem der Spaltstoffkontrolle war naturgemäß seit Beginn der Verhandlungen um den Atomwaffensperrvertrag in den sechziger Jahren Gegenstand umfangreicher Untersuchungen. In der Bundesrepublik war daran insbesondere das Karlsruher Kernforschungszentrum beteiligt, dessen Projekt «Spaltstoffflußkontrolle» erst kürzlich auslief. Die Materie ist nicht neu, quantitative Untersuchungen zu Möglichkeiten der Entdeckung von Spaltmaterialabzweigungen sind auch in der Bundesrepublik dokumentiert (vgl. zum Beispiel: Zerrweck, 1984; Gupta u. a., 1985; Sailer, 1986). Die Ergebnisse sind bisher in der Öffentlichkeit nicht verbreitet worden. Das mag mit der Komplexität der Materie zusammenhängen, ist jedenfalls das Fundament für die Lebenslüge der Atomgemeinde, die internationale Kontrolle mache illegale Abzweigungen von atomwaffentauglichem Spaltmaterial unmöglich.

Die Ergebnisse verschiedener Untersuchungen sind keineswegs deckungsgleich, aber auch nicht grundverschieden. Um eine grobe quantitative Vorstellung zu vermitteln, betrachten wir als Beispiel die in Wackersdorf geplante Anlage.

Diese Anlage soll auslegungsgemäß jährlich Brennelemente mit einem Schwermetallgehalt von 500 Tonnen wiederaufarbeiten können. Das entspricht etwa der gesamten derzeit aus den Kernkraftwerken in der Bundesrepublik entladenen Menge. Bei voller Auslastung der geplanten Kapazität würde sie jährlich also etwa fünf Tonnen Plutonium produzieren (rund das Tausendfache der Mindestmenge für eine Atombombe). Unter der Voraussetzung, daß ein «Innentäter» nicht auf einmal eine größere, sondern häufiger kleinere Mengen Plutonium abzweigt, läßt sich die Wahrscheinlichkeit der Entdeckung etwa so eingrenzen:

Die Abzweigung von jährlich einigen wenigen Promille des Plutoniumdurchsatzes wird höchstwahrscheinlich nicht entdeckt, erst die von einigen wenigen Prozent. Die Brisanz dieser Angaben tritt hervor, wenn man sie im Äquivalent von Atombomben ausdrückt: Die jährliche Abzweigung des Materials für einige wenige Atombomben wird höchstwahrscheinlich nicht entdeckt. Mit hoher Sicherheit entdeckt wird die Abzweigung erst, wenn sie jährlich für einige wenige Dutzend Atombomben ausreicht.

Plutonium zu entwenden erfordert gewiß Risikobereitschaft. Das persönliche Risiko ist aber begrenzt, sofern das Plutonium sich in einer dichten Kapsel befindet. Inkorporiert wirkt das Plutonium wie ein Supergift; außerhalb des Körpers ist seine Strahlenwirkung relativ gering und schon durch dünne Materialschichten abschirmbar.

Offiziell wird als Zielsetzung der internationalen Kontrolle durch EURATOM/IAEO die «rechtzeitige» Entdeckung einer Abzweigung von «signifikanten» Mengen spaltbaren Materials genannt. Als signifikante Plutoniummenge definiert die IAEO acht Kilogramm; mit dieser Definition sind aber keinerlei Verpflichtungen verbunden. «Rechtzeitig» soll heißen: bevor aus dem abgezweigten Material die Atombombe fertiggestellt ist.

Wenn man das für bare Münze nimmt, so würde die Abzweigung des für *eine* Atombombe ausreichenden Materials nur dann entdeckt, wenn man die dafür erforderliche Mindestmenge recht hoch ansetzt, dies auch nur Wochen nach der Abzweigung. Was wäre, wenn eine zu allem entschlossene terroristische Gruppe inzwischen dieses Material oder gar schon die Bombe besäße? Nicht einmal die offiziell genannte Zielsetzung schließt diese Möglichkeit aus!

Bei näherem Hinsehen ist also schon die offiziell angegebene Zielsetzung alles andere als beruhigend. Aber was soll sie eigentlich besagen? Wie oft kann eine gerade noch nicht «signifikante» Menge unentdeckt abgezweigt werden? Wieviel Material könnte sich auf dem Waffen-Schwarzmarkt ansammeln, wenn aus *mehreren* Anlagen nichtsignifikante Mengen *periodisch* abgezweigt werden? Zudem: Schon der kursorische Einblick in die Problematik hat gezeigt, daß die Menge an Spaltmaterial, die unentdeckt abgezweigt werden kann, um so größer ist, je größer der Durchsatz der Anlage ist. Bei der kleinen Wiederaufarbeitungsanlage in Karlsruhe wird man die Abzweigung der «signifikanten» acht Kilogramm Plutonium wahrscheinlich entdecken, bei der großen in Wackersdorf wahrscheinlich nicht. Die IAEO spricht ja bezeichnenderweise nur vom *Ziel*, die Abzweigung der signifikanten Menge zu entdecken!

Die gängige Behauptung, Entwendung von Spaltmaterial sei angesichts der internationalen Kontrollen unmöglich, ist barer Unsinn. Ein Staat vom Format der Bundesrepublik Deutschland würde, wenn er eine Atombewaffnung anstrebt, diese gewiß nicht auf der Basis der in Wackersdorf heimlich möglichen Abzweigung von Plutonium für jährlich einige oder auch ein Dutzend Atombomben aufbauen. Aus dieser Sicht erscheint die internationale Kontrolle als effizient, dies ist auch ihre eigentliche Perspektive. Die heimliche Entwendung kleinerer Mengen kann sie erschweren, kaum nachträglich entdecken, nicht verhindern. Wie beruhigend wäre bei Töpfers «Horrorvision» von Ghaddafis Atombomben der Zusatz, es könne sich nur um kleinere Mengen, etwa ein Dutzend, handeln?

Handelt es sich hier etwa um eingebildete Gefahren? Ghaddafi hat jedenfalls mehrfach öffentlich den Anspruch Libyens auf Atomwaffen angekündigt. Mindestens Indien, Pakistan, Israel, Südafrika, Brasilien und Argentinien sind bald oder bereits Atommacht. Das ist schon lange kein Geheimnis mehr, wurde aber auch von den Medien vor dem Transnuklear-Skandal eher am Rande registriert. Das Phänomen des «Nuklear-Terrorismus», das Alexander Roßnagel erst kürzlich umfassend dokumentiert und analysiert hat (Roßnagel, 1987), scheint die deutsche Öffentlichkeit – im Gegensatz zur amerikanischen – noch immer nicht zu beunruhigen.

Wiederaufarbeitung

Bei seiner Entscheidung gegen die Wiederaufarbeitung des Brennstoffs aus zivilen Atomreaktoren – mithin auch gegen den Bau von Brüterkraftwerken – berief sich Präsident Carter insbesondere auf die Nuclear Energy Policy Study Group. Dieses Gremium renommierter Wissenschaftler hatte 1977 eine umfassende Bewertung der Atomenergie vorgelegt. Es sah die bei weitem größte Gefahr («the by far most serious danger») bei der Nutzung der Atomenergie in der Verbreitung (Proliferation) von Atomwaffen (Ford/Mitre-Report, S. 4). Diese Gefahr bestehe sowohl in der Ausweitung des Kreises der Atomwaffenstaaten als auch in der Möglichkeit, daß terroristische Gruppen Spaltmaterial entwenden und daraus Atomwaffen herstellen. Waffentaugliches Spaltmaterial dürfe daher im zivilen Bereich gar nicht erst erzeugt, der Brennstoff mithin nicht wiederaufgearbeitet werden.

Damals wie noch heute spielte die Wiederaufarbeitung bei der kommerziellen Nutzung der Kernenergie praktisch nur eine ganz untergeordnete Rolle. Auch heute gibt es Wiederaufarbeitungsanlagen im kommerziellen Maßstab nur in Frankreich und England. Daß man, sofern es Endlager gäbe, dort statt der radioaktiven Abfälle aus der Wiederaufarbeitung von Brennelementen auch die Brennelemente selbst einlagern könnte, lag von vornherein auf der Hand. Dies ist inzwischen die offizielle Politik nicht nur der USA, sondern auch Kanadas und Schwedens. Warum mußte die Bundesregierung 1985 den Bau einer deutschen Wiederaufarbeitungsanlage fordern? Werfen wir zunächst einen Blick auf die Vorgeschichte dieser Entscheidung:

Seit Beginn der zivilen Kernenergieforschung galt es weltweit als selbstverständlich, daß die Nutzung der Atomenergie längerfristig den Übergang zu Brutreaktoren erfordere, weil diese eine vielfach höhere Ausnutzung der Uranvorräte ermöglichen als die bisher eingesetzten thermischen Reaktoren. Daher begann auch schon in den sechziger Jahren in den großen Industriestaaten die Entwicklung der Technologie des Plutoniumzyklus, das heißt: der Wiederaufarbeitung, der Herstellung von Brennelementen aus Plutonium sowie der Brutreaktoren.

Als später das Risiko der Endlagerung in der Öffentlichkeit zunehmend problematisiert wurde, trat neben das Argument der begrenzten Uranvorräte noch ein weiteres Argument für die Wiederaufarbeitung: Sie vermindere das Risiko der Endlagerung, weil das Plutonium wiederverwertet werde, statt in das Endlager zu gelangen. Mit Hilfe dieses plausibel erscheinenden Arguments wurde der WAA zunehmend der Charakter der «Entsorgung» zugeschrieben. Ab Mitte der siebziger Jahre erschien dieses Sicherheitsargument als die ausschlaggebende Begründung für die Forderung nach baldiger Realisierung der WAA in der Bundesrepublik. Angesichts dieser energiewirtschaftlichen und sicherheitstechnischen Argumentationslage war die Notwendigkeit der Wiederaufarbeitung gar nicht umstritten, als 1976 der Deutsche Bundestag mit der 4. Atomgesetznovelle die Wiederaufarbeitung im § 9 a des Atomgesetzes praktisch festschrieb. Auch die Kritiker der Atomenergie gingen damals davon aus, daß wegen begrenzter Uranvorräte die Kernenergie längerfristig mit Brütern, mithin auch Wiederaufarbeitung betrieben werden müsse; sie sahen darin ein zusätzliches Argument gegen die Kernenergie.

Die Entscheidung des Gesetzgebers für die Wiederaufarbeitung sollte Druck auf die Elektrizitätswirtschaft ausüben, die als notwendig erachtete Wiederaufarbeitungsanlage zu realisieren. Ihr war keineswegs eine Debatte um die heute diskutierte Alternative, direkte Endlagerung *oder* Wiederaufarbeitung, vorausgegangen. Im Zuge der Beratungen der 4. Atomgesetznovelle spielte die mit der Wiederaufarbeitung einhergehende Proliferationsgefahr keine Rolle; das aus Leichtwasserreaktoren stammende Plutonium galt seinerzeit in der Bundesrepublik ja noch als nicht waffentauglich. Bei einer Anhörung des Innenausschusses des Bundestages (vom 9. 6. 1976) wurde zwar explizit nach Alternativen zur Wiederaufarbeitung gefragt; sämtliche Gutachter, die sich dazu äußerten, stellten aber die Wiederaufarbeitung als zwangsläufig hin. Dabei war die Möglichkeit, die Brennelemente «direkt» endzulagern, nie systematisch auf ihre Vor- und Nachteile hin untersucht worden. Der Möglichkeit der Direkten Endlagerung wurde erst nach der 1977 von Präsident Carter gefällten Entscheidung gegen die Wiederaufarbeitung einige Aufmerksamkeit zuteil.

In der Bundesrepublik führte im Jahr 1979 das politische Scheitern der in Gorleben geplanten Wiederaufarbeitungsanlage zu einem Beschluß der Regierungschefs von Bund und Ländern, der u. a. forderte, «die direkte Endlagerung von abgebrannten Brennelementen ohne Wiederaufarbeitung auf ihre Realisierbarkeit und sicherheitstechnische Bewertung» zu untersuchen. Daraufhin wurde dazu eine Studie unter Federführung des Karlsruher Kernforschungszentrums durchgeführt, deren Abschlußbericht als «Systemstudie andere Entsorgungstechnik» im Dezember 1984 vorgelegt wurde (Systemstudie, 1984).

Diese Systemstudie erarbeitete erstmals ein Konzept für die Direkte Endlagerung von Brennelementen und stellte auf dieser Basis einen Vergleich der Alternativen mit bzw. ohne Wiederaufarbeitung an. Der Vergleich umfaßt hinsichtlich der wirtschaftlichen Aspekte die Zeit bis zum Jahr 2020. Für den Vergleich der sicherheitstechnischen Aspekte unterstellt er ein Endlager, das ab dem Jahr 2000 fünfzig Jahre lang mit entweder den Brennelementen «direkt» oder den Abfällen aus ihrer Wiederaufarbeitung gefüllt und dann verschlossen wird. Der Vergleich geht davon aus, daß das Plutonium aus der Wiederaufarbeitung wieder in Leichtwasserreaktoren zurückgeführt wird. Brüter werden kaum erwähnt und kommen nur noch als Erinnerungsposten vor – dies in einer Studie des Kernforschungszentrums, dessen bedeutendstes Projekt seit zwanzig Jahren die Entwicklung der Brütertechnologie ist!

Der Brüter – ursprünglich der Grund für die Wiederaufarbeitung – ist tot, nun soll die Wiederaufarbeitung – in Wackersdorf – leben. Ist der Brüter wirklich tot, wo doch die Bundesregierung – gegen den Widerstand der nordrhein-westfälischen Genehmigungsbehörde – auf der Inbetriebnahme des kleinen, aber teuren Brüterkraftwerks in Kalkar besteht?

Zum Betrieb des Brüters in Kalkar würden nur etwa zehn Prozent des Plutoniums benötigt, das die künftige Wiederaufarbeitungsanlage in Wackersdorf auslegungsgemäß produzieren kann. Sein eigener Brennstoff würde nicht in Wackersdorf wiederaufgearbeitet werden; dort ist nur die Verarbeitung von Brennelementen aus Leichtwasserreaktoren vorgesehen und beantragt. Zur Bereitstellung von Plutonium für Brüter hätte der Bau in Wackersdorf nur dann einen Sinn, wenn in absehbarer Zeit kommerzielle Brüterkraftwerke zugebaut würden.

Nach den Vorstellungen und Planungen zu der Zeit, als der Bau des Brüters in Kalkar (1972) begann, müßte jetzt auch ein erstes deutsches Brütergroßkraftwerk – Nachfolger des kleinen Vorläufers in Kalkar – in Betrieb sein. Die Ablösung der Leichtwasserreaktoren durch Brüter müßte bereits in vollem Gang sein. Der Bau je eines Brütergroßkraftwerks begann in der Sowjetunion Anfang der siebziger Jahre, in Frankreich 1976, in England sollte er 1975 beginnen. Sie galten jeweils als Vorläufer einer Serie kommerzieller Brüterkraftwerke. Die Bundesrepublik, die USA und Japan galten als Nachzügler im Wettlauf um diese verheißungsvolle Zukunftstechnologie. Noch 1978 prognostizierte Frankreich offiziell, daß bis zum Jahr 2000 dort Brüterkraftwerke mit insgesamt zwischen 16 000 und 23 000 Megawatt elektrischer Leistung installiert sein würden. (Der obere Wert entspricht der Leistung aller heute in der Bundesrepublik in Betrieb und im Bau befindlichen Kernkraftwerke.)

In scharfem Kontrast zu den damaligen Aktivitäten, Planungen und Auffassungen ist derzeit, Anfang 1988, weltweit nurmehr ein einziges Brüterkraftwerk mittlerer Leistung (in Japan) im Bau. Die Planungen für das britische Großkraftwerk wurden eingestellt. Das sowjetische Brüter-Großkraftwerk wurde 1980, das französische 1986 in Betrieb genommen. Nach offiziellen Angaben kostete das sowjetische Brüterkraftwerk 2,6mal, das französische «mehr als zweimal» soviel wie ein gleich großes, gleichzeitig gebautes Leichtwasserkernkraftwerk.

Die Gründe für das abrupte Ende der einstigen Brütereuphorie sind schnell skizziert. Bis etwa Mitte der siebziger Jahre galt es weltweit als ausgemacht, daß bereits gegen Ende des Jahrhunderts die Uranvorräte zu Ende gehen würden, Uran knapp und teuer würde. Folglich müßten schon in den achtziger, spätestens in den neunziger Jahren, Brüter anstelle von Leichtwasserreaktoren hinzugebaut werden. Wir zeigen im Kapitel 6, daß diese weltbewegende Story beruhte auf

– Prognosen zum weltweiten Ausbau der Kernenergie, die aus heutiger Sicht grotesk erscheinen;
– der Manipulation von Angaben zu den Weltvorräten an Uran (wie sie auch 1984 in der «Systemstudie» noch betrieben wurde, vgl. Kapitel 6).

Seit einigen Jahren lautet die Sprachregelung, Uran werde «erst» im kommenden Jahrhundert knapp. Brüter seien in absehbarer Zeit nicht notwendig, die Option Brüter müsse aber langfristig erhalten bleiben – so auch die Begründung für das Bestehen auf der Inbetriebnahme in Kalkar.

Freilich standen hinter dem Brüter auch militärische Interessen, jedenfalls in den Atomwaffenstaaten Frankreich, England und Sowjetunion, die ja die Pioniere der Brüterentwicklung waren. Im Gegensatz zur Praxis in den USA ist in diesen Staaten die militärische und zivile Nutzung der Kernenergie nicht getrennt; sie nutzen das Plutonium aus kommerziellen Kernkraftwerken für militärische Zwecke. Im Brüter entsteht – im Gegensatz zu Leichtwasserreaktoren – hochgradiges Waffenplutonium. Die Projekte zur Kommerzialisierung des Brüters wären in diesen Staaten – auch wegen des investierten nationalen Prestiges – wohl kaum wegen der entspannten Uransituation aufgegeben worden. Sie wurden aufgegeben, weil sich mit fortschreitender Erfahrung im Bau von Brütern herausstellte, daß Brüterkraftwerke schier unbezahlbar und zudem äußerst störanfällig sind (vgl. Traube, 1984, S. 102 ff).

Lediglich in der Sowjetunion gibt es noch eine aktuelle Planung zum Bau eines Brüterkraftwerks. Die französischen Planungen wurden 1981 reduziert auf den Bau von sechs Brüterkraftwerken zu je 1500 Megawatt bis zum Jahr 2000. Seit 1984 steht in Frankreich nur noch der Bau *eines* Nachfolgers des Superphenix als europäisches (französisch / italienisch / britisch / deutsch / belgisches) Projekt zur Debatte. Mitte 1987 wurde bekanntgegeben, daß eine Entscheidung über den Bau frühestens in fünf Jahren gefällt werden soll, was nahezu gleichbedeutend mit der Aufgabe des Projekts ist. Die – mit 33 Prozent vorgesehene – Beteiligung Italiens ist im übrigen seit der Volksabstimmung über die Atomenergie vom November 1987 nicht mehr möglich.

Der Brüter ist also wirklich tot. Er tauchte auch als Argument für die Realisierung der Wiederaufarbeitungsanlage in Wackersdorf nicht mehr auf. Aber was war nun eigentlich das Argument? Hatte die Systemstudie das Mitte der siebziger Jahre nachgeschobene Sicherheitsargument bestätigt, demzufolge die Direkte Endlagerung wegen des nicht entfernten Plutoniums risikoreicher sei?

Wir gehen den Argumenten der Systemstudie und der Bundesregierung im Kapitel 6 nach. Hier sei nur im Vorgriff darauf das Entscheidende skizziert:

Die Systemstudie hat der These, daß eine Endlagerung von

Brennelementen risikoreicher sei als die der Abfälle aus der Wiederaufarbeitung, dezidiert widersprochen. Das Gesamtergebnis des Vergleichs aller sicherheitstechnischen Aspekte – radiologische Risiken über- und untertage, Proliferationsrisiken – resümiert sie so:

> «Zusammenfassend ist daher festzuhalten, daß aus Sicht der Projektgruppe keine entscheidenden sicherheitstechnischen Unterschiede zwischen den beiden Entsorgungswegen gesehen werden» (Systemstudie, S. 8-7).

Dieser Bewertung stimmten der Länderausschuß für Atomkernenergie (Beschluß vom 6.12.1984), die Reaktorsicherheitskommission (Stellungnahme vom 19.12.1984) und die Strahlenschutzkommission (Stellungnahme vom 7.1.1985) zu. Daraufhin stellte die Bundesregierung im Beschluß zur Entsorgung vom 23.1.1985 unter Bezug auf die Systemstudie fest:

> «Die im Beschluß der Regierungschefs von Bund und Ländern vom September 1979 gestellte Frage, ob sich aus der direkten Endlagerung abgebrannter Brennelemente aus Leichtwasserreaktoren gegenüber der Entsorgung mit Wiederaufarbeitung entscheidende sicherheitsmäßige Vorteile ergeben können, ist zu verneinen.»

Aufgrund dieser Feststellung forderte die Bundesregierung «die zügige Verwirklichung einer deutschen Wiederaufarbeitungsanlage», weil sie keinen Anlaß sehe, «von dem im Atomgesetz festgelegten Entsorgungskonzept abzugehen». Dies war das Signal zum Bau der Anlage in Wackersdorf.

Der Sicherheitsvergleich in der Systemstudie hat einen Haken: Das Risiko der Entwendung von Plutonium aus der Wiederaufarbeitungsanlage kommt darin schlicht nicht vor. Zwar gibt es dort einen Abschnitt zum Thema «Kernmaterialüberwachung». Dort wird festgestellt, bei der Wiederaufarbeitung sei eine «Kernmaterialüberwachung ... mit den derzeitigen Überwachungsmethoden und -instrumenten möglich» (Systemstudie, S. 7–36). Aber inwieweit damit Abzweigungen von Plutonium entdeckt oder nicht entdeckt werden können, das ist kein Thema, auch nicht für die Gremien, die innerhalb weniger Wochen nach Vorlage der Systemstudie pflichtschuldig ihre Gutachten dazu abgaben, und schon gar nicht für die Bundesregierung.

Ich nenne das Kumpanei von Staat, Atomwirtschaft und -wissenschaft. Der faule Trick offenbart nicht Verdrängung, sondern Tabuisierung eines existentiellen Risikos. Offensichtlich hatte diese Tabuisierung den gewünschten Erfolg: Die Entwendung von Plutonium war in der Bundesrepublik, selbst in den Reihen der dezidierten Atomgegner, kein Thema – bis zum 14. Januar 1988.

Dieser konzertierte Trick ist die Basis der Formel, «keine entscheidenden sicherheitstechnischen Unterschiede» in der Systemstudie, die sich als Verneinung «entscheidender sicherheitsmäßiger Vorteile» der Direkten Endlagerung im Beschluß der Bundesregierung wiederfindet. Damit ist er auch das eigentliche Fundament des Beschlusses zum Bau der Anlage in Wackersdorf. Einen sachbezogenen, handfesten Grund für diesen Bau gibt es nicht (siehe Kapitel 6).

Literatur

Atombomben: Atombomben made in Germany? Köln, 1986

Entsorgungsbericht: Bericht der Bundesregierung zur Entsorgung der Kernkraftwerke und anderer kerntechnischer Einrichtungen vom 13. Januar 1988

Ford/Mitre Report: Nuclear Power, Issues and Choices. Report of the Nuclear Energy Policy Study Group. Cambridge, Mass., 1977

Gupta, A./Bicking, K./Koutsouvelis, G.: Investigations on Detection Sensitivity of the NRTA Method for Different Size Reprocessing Facilities. KfK-Report 4017. Dezember 1985

Roßnagel, A.: Die unfriedliche Nutzung der Kernenergie. Gefahren der Plutoniumwirtschaft. Hamburg 1987

Sailer, M.: Zur Wirksamkeit internationaler Kontrollen gegen die Abzweigung von Nuklearmaterial. Gutachten im Auftrag der hessischen Staatskanzlei. April 1986

Systemstudie: Systemstudie andere Entsorgungstechnik. Abschlußbericht Hauptband KWA 2190/1. Kernforschungszentrum Karlsruhe. Dezember 1984

Traube, K.: Plutoniumwirtschaft. Das Finanzdebakel von Brutreaktor und Wiederaufarbeitung. Reinbek 1984

WAA: Wiederaufarbeitungsanlage Wackersdorf. 1. Teilgenehmigung. München, 24.9.1985

Zerrweck, E.: Bewertung von Test- und Schätzverfahren zur Entdeckung von Materialverlusten. KfK-Bericht 3661, Januar 1984

4. JÜRGEN KREUSCH / HELMUT HIRSCH
Gesicherte Entsorgung?

Radioaktive Abfälle: Arten, Mengen, Eigenschaften

Radioaktive Abfälle entstehen in allen Anlagen, die mit dem Einsatz der Atomenergie zusammenhängen. Darüber hinaus fallen sie in erheblich geringeren Mengen bei der Nutzung von Radioisotopen in Forschung, Medizin und Industrie an. Lagerung, Behandlung und Transport der radioaktiven Abfälle verteilen sich damit praktisch auf das gesamte Bundesgebiet.

Die Vielzahl der Formen des strahlenden Mülls läßt sich grob in drei Kategorien einteilen:
- abgebrannter Kernbrennstoff;
- sonstige heiße Abfälle (offiziell «wärmeentwickelnd» genannt; sie entsprechen nach der früher üblichen Einteilung den *hochaktiven* und einem Teil der *mittelaktiven* Abfälle);
- kalte Abfälle («nicht wärmeentwickelnd»; entsprechen den *schwachaktiven* sowie dem weniger stark strahlenden Teil der mittelaktiven Abfälle).

Die bundesdeutsche Atomwirtschaft schafft Atommüllprobleme allerdings nicht nur im eigenen Land bzw. in jenen Ländern, in die Abfälle zur Behandlung verbracht werden. Die größte Masse der Abfälle schafft sie in Länder wie Südafrika und Namibia, Australien, Kanada, Niger und die USA: Von dort nämlich bezieht sie das Uran für Kernbrennstoffe. Auf eine Tonne Kernbrennstoff mit angereichertem Uran entfallen 10 000 Tonnen Abraum aus dem Uranabbau. Einem derzeitigen Bedarf von rund fünfhundert Tonnen Kernbrennstoff pro Jahr entsprechen also fünf Millionen Tonnen Abfälle. Diese werden meist oberirdisch in Halden bzw. als Schlamm in Absetzbecken gelagert und verseuchen die Umwelt durch radioaktive Abgaben an die Luft sowie durch Auswaschen in Grund- und Oberflächenwasser.

Der abgebrannte Kernbrennstoff ist durch intensive Wärmeentwicklung, durchdringende Gamma- und Neutronen-Strahlung sowie hohe radiologische Giftigkeit der enthaltenen Stoffe gekennzeichnet. Dementsprechend stellt er höchste Ansprüche an Kühlung, Strahlen-Abschirmung und dichten Einschluß. Es ist unmöglich, diese Ansprüche für alle denkbaren Situationen – insbesondere für Unfälle, etwa beim Transport – zu erfüllen. Offiziell wird abgebrannter Kernbrennstoff nicht zu den radioaktiven Abfällen gezählt, sondern als Wertstoff angesehen, da er Uran und Plutonium enthält, das durch Wiederaufarbeitung abgetrennt und erneut als Brennstoff eingesetzt werden kann. Das Etikett ändert aber nichts an der Gefährlichkeit des Stoffes.

Der Kernbrennstoff muß nach einer Einsatzzeit von drei bis vier Jahren aus dem Reaktor entladen werden. Bei einem typischen Atomkraftwerk (Druckwasserreaktor mit 1300 MW elektrischer Leistung, Typ Biblis, Brokdorf usw.) beträgt die jährliche Entlademenge rund 30 Tonnen. Bis zum 31. 12. 1986 waren in der Bundesrepublik insgesamt rd. 2600 t abgebrannter Kernbrennstoff angefallen. Davon wurden rd. 1800 t zur Wiederaufarbeitung ins Ausland verbracht (in erster Linie nach La Hague in Frankreich). 100 t wurden in der kleinen Anlage in Karlsruhe wiederaufgearbeitet. Der Rest lagert in den Kernkraftwerken in Wasserbecken. Die Gesamtmenge wird sich bis zum Jahr 2000 mit über 10000 Tonnen etwa vervierfachen, wenn das Atomprogramm weiterläuft. Nach derzeitiger Planung soll dann knapp die Hälfte dieser Menge in den Becken der Kernkraftwerke sowie in speziellen «Zwischenlagern» (Gorleben, Ahaus) einer ungewissen Zukunft harren, rund 1100 Tonnen sollen bis dahin im Inland wiederaufgearbeitet werden – der Rest, über 4000 Tonnen, in La Hague und Windscale (Entsorgungsbericht 1988, Anl. 5).

Längerfristig ist nahezu der gesamte abgebrannte Kernbrennstoff für die Wiederaufarbeitung bestimmt. Lediglich ein sehr kleiner Anteil (u. a. die Brennelemente aus dem Hochtemperaturreaktor) soll direkt als Abfall gekapselt und dann – nach Zwischenlagerung – in Gorleben endgelagert werden. Das Endlagerproblem wird aber nicht – wie man meinen könnte – durch die Wiederaufarbeitung gelöst, im Gegenteil: Bei der Wiederaufarbeitung entstehen große Volumina verschiedenster heißer und kalter Abfallströme. Die Problematik wird also lediglich verschoben und überdies kompliziert. Auch die Abfälle, die bei der Wiederaufarbeitung im Ausland entstehen, müssen samt und sonders zurückgenommen werden.

Bei den sogenannten heißen Abfällen, die nur bei der Wiederaufarbeitung entstehen, handelt es sich um verglaste Spaltproduktlösungen sowie verschiedene Schlämme und Brennelement-Schrott. Es sind Abfälle, die gleichfalls Kühlung, Abschirmung und dichten Einschluß benötigen. Bisher sind rd. $300\,\mathrm{m}^3$ derartiger Abfälle angefallen, die teils in flüssiger, teils in fester Form in Karlsruhe lagern. Die Menge wird bis zum Jahr 2000 sprunghaft zunehmen: In der Wiederaufarbeitungsanlage Wackersdorf sollen bis dahin knapp $2000\,\mathrm{m}^3$ anfallen, und aus dem Ausland müssen ab 1993 knapp $4000\,\mathrm{m}^3$ zurückgenommen werden. Mangels anderer Lösungen soll dann eine Zwischenlagerung erfolgen, zum Beispiel auf dem Gelände der Anlage in Wackersdorf. Der letztendliche Bestimmungsort für diese Abfälle ist nach wie vor das Endlager in Gorleben (Entsorgungsbericht 1988, S. 36 f).

Die größten Mengen entfallen auf die kalten radioaktiven Abfälle. Der Löwenanteil stammt aus dem Bereich der Kernenergienutzung (u. a. Betriebsabfälle aus Kernkraftwerken, Wiederaufarbeitungsabfälle und Abfälle aus Kernforschungszentren; nach dem Jahr 2000 werden hier auch Abfälle aus der Stillegung kerntechnischer Anlagen zunehmend ins Gewicht fallen). Wenige Prozent des Gesamtvolumens entfallen auf die Radioisotopennutzung. Diese Abfälle werden meist mit Zement verfestigt, Kühlung ist nicht erforderlich, und die Anforderungen an die Abschirmung sind geringer als bei den heißen Abfällen. Aber auch hier ist der dichte Einschluß bei Handhabung, Lagerung und Transport ein Problem. Denn obwohl die kalten Abfälle insgesamt erheblich geringere Mengen an radioaktiven Stoffen enthalten als die heißen, sind sie keineswegs ungefährlich. Sie können nennenswerte Mengen an Spaltprodukten und auch an besonders giftigen, langlebigen alpha-Strahlern enthalten.

Von dieser Abfallkategorie wurden bis Ende 1978 rd. 40 000 m^3 in der *Asse* eingelagert. Seither ist auch hier die Zwischenlagerung die einzige verfügbare Notlösung. Ende 1986 war die oberirdisch gelagerte Menge wieder auf rund 40 000 m^3 angewachsen, die zum überwiegenden Teil bei den Kernkraftwerken und Kernforschungszentren (einschl. Wiederaufarbeitungsanlage Karlsruhe) lagern. Kleinere Anteile befinden sich auch in den in allen Bundesländern eingerichteten Landessammelstellen und bei der kerntechnischen Industrie. In Zukunft werden verstärkt spezielle Zwischenlager (Gorleben, Mitterteich) aufgefüllt werden.

Bis zum Jahr 2000 wird diese Menge auf etwa 200 000 m^3 angewachsen sein. Davon entfallen allein 40 000 m^3 auf Wiederaufarbeitungsabfälle aus dem Ausland sowie 10 000 m^3 auf Abfälle aus der Wiederaufarbeitungsanlage Wackersdorf. Die bestehenden Zwischenlagerkapazitäten, einschließlich der heute fest geplanten Erweiterungen, werden etwa 1993 erschöpft sein (Entsorgungsbericht 1988, S. 35 f). Alle diese Abfälle sollen schließlich im Endlager *Konrad* landen. Steht dieses 1993 nicht zur Verfügung, müssen laufend neue Abfall-Zwischenlager eingerichtet werden. Bis zum Jahr 2000 wären dann etwa neun zusätzliche Lagerhallen der Größe «Gorleben» erforderlich.

Bei Behandlung oberirdischer Lagerung und nicht zuletzt beim Transport radioaktiver Abfälle können radioaktive Stoffe freigesetzt werden. Die größte Gefährdung geht vom abgebrannten Kernbrennstoff und anderen heißen Abfällen aus. Bei den kalten Abfällen stellen die großen Volumina ein besonderes Gefahrenmoment dar, die zum Großteil eine wenig widerstandsfähige Verpackung aufweisen. So versagen beispielsweise Blechcontainer, die zum Transport kalter radioaktiver Abfälle zunehmend eingesetzt werden, wenn es bei den Transportzügen zu Aufprall oder Zusammenstoß bei über 35 Stundenkilometern kommt. Die bodennahe freiwerdende radioaktive Staubwolke kann im Umkreis von einigen hundert Metern schwere Bodenkontaminationen hervorrufen (Fink et al. 1987, S. 56f).

Erschwerend kommt hinzu, daß offensichtlich nicht gewährleistet werden kann, daß die Abfälle radioaktive Stoffe nur im genehmigten Umfang enthalten. Der Transnuklear-Skandal hat dies drastisch illustriert. Angesichts der großen, rasch zunehmenden Mengen besonders der kalten Abfälle werden wohl auch die nunmehr verschärften Kontrollen hieran kaum etwas ändern können. Auch die Technik der Behandlung (Konditionierung) der radioaktiven Abfälle, wie sie zur Zeit in Mol in Belgien, in den deutschen Kernforschungszentren und zum Teil an den Kernkraftwerksstandorten durchgeführt wird, ist problematisch. Wiederholt wurde in letzter Zeit von Abfallfässern berichtet, in denen durch unvorhergesehene Reaktionen aufgrund der Entwicklung von explosivem Wasserstoffgas ein hoher Innendruck entstanden ist.

Die «Entsorgungs»-Misere

Seit vielen Jahren bietet der Bereich der atomaren «Entsorgung» ein nahezu unverändertes Bild: Das sogenannte «Integrierte Entsorgungskonzept» mit Wiederaufarbeitung und Endlagerung steht bestenfalls auf dem Papier, faktisch existieren nur provisorische Notlösungen – Zwischenlagerung in immer größeren Mengen sowie Abschieben ins Ausland (was bestenfalls einen gewissen Zeitgewinn bringt, da die Abfälle aus der Wiederaufarbeitung wieder zurückgenommen werden müssen). Noch 1978 wurde eine Zwischenlagerung abgebrannter Brennelemente nur für relativ geringe Mengen und kurze Zeiträume als erforderlich angesehen. Die damals am Standort

Gorleben geplante Wiederaufarbeitungsanlage sollte – jeweils etwa ein Jahr nach der Entladung aus dem Reaktor – ab 1985 die Brennelemente aufnehmen und ab 1989 wiederaufarbeiten.

Heute sind die Abklingbecken der Kernkraftwerke zu Kompaktlagern umfunktioniert, die – je nach Anlage – bis zu 560 Tonnen Kernbrennstoff aufnehmen sollen. Die rechtliche Zulässigkeit der Umwandlung eines Kernkraftwerks in eine Zweizweckanlage (Stromerzeugung und Brennstofflagerung) ist umstritten. Die mögliche Koppelung von Unfällen in Reaktor und Lagerbecken schafft zusätzliche Risiken. Die beiden «externen» Brennelement-Zwischenlager (*Gorleben* und *Ahaus*) sind derzeit – im Januar 1988 – durch Gerichtsentscheide gestoppt. Sollten die Betreiber diese Lager rechtlich durchsetzen können, so entstehen die Probleme der Anhäufung eines großen radioaktiven Gefährdungspotentials an diesen Standorten. Und wenn der abgebrannte Kernbrennstoff wiederaufgearbeitet wird, vervielfachen sich damit die zu lagernden Volumina.

Daß eine sichere Endlagerung – für alle Arten von Abfällen – realisierbar ist, ist nach wie vor nicht erwiesen. An den Standorten *Gorleben* und *Konrad* mehren sich die Schwierigkeiten. Selbst die offiziellen Aussagen rücken den Einlagerungsbeginn in Gorleben bereits ins nächste Jahrtausend. Und der offizielle Termin der Inbetriebnahme von Schacht *Konrad* – 1983 noch für 1988 vorgesehen – hat sich 1988 auf 1993 verschoben (Entsorgungsbericht 1983, S. 10; Entsorgungsbericht 1988, S. 47). Kernkraftwerksbetreiber müssen nach den «Grundsätzen zur Entsorgungsvorsorge für Kernkraftwerke» der Bundesregierung einen «Entsorgungsnachweis» erbringen; andernfalls werden die Kraftwerke abgeschaltet. Und warum wurden nicht schon längst alle Atomkraftwerke abgeschaltet?

Wenn man sich die «Grundsätze» der Bundesregierung genauer anschaut, stellt man fest, daß der Entsorgungsnachweis die reinste Augenwischerei ist. Um eine Betriebsgenehmigung erteilt oder verlängert zu bekommen, muß ein Kernkraftwerksbetreiber lediglich nachweisen, daß «für einen Betriebszeit-

raum von sechs Jahren im voraus der sichere Verbleib der bestrahlten Brennelemente durch zugelassene Einrichtungen des
Betreibers oder durch bindende Verträge sichergestellt ist»
(Entsorgungsbericht 1988, Anl. 2). Dafür genügt eine entsprechende Lagerkapazität im kraftwerkseigenen Becken bzw.
einem externen Zwischenlager oder ein Wiederaufarbeitungs-
vertrag mit dem Ausland. Was nach Ablauf der sechs Jahre mit
dem Brennstoff bzw. mit den rückzunehmenden Wiederaufar-
beitungsabfällen geschieht, bleibt völlig im unklaren; die anderen radioaktiven Abfälle, die ein Kernkraftwerk produziert
(Betriebsabfälle), scheinen schon gar keine Erwähnung wert.
So wird ein Jahrmillionenproblem verwaltungstechnisch gelöst.

Das Endlagerproblem

Mit den radioaktiven Abfällen hinterlassen wir zukünftigen
Generationen für Jahrtausende eine «Altlast», deren Gefährdungspotential enorm ist. Die Kenntnisse über die Schadens-
wirkung radioaktiver Stoffe sind sehr lückenhaft; die Einstu-
fung der Gefährlichkeit verschiedener Radionuklide mußte
über die Jahre immer wieder revidiert werden. Die Größenordnung der Gefährdung illustriert das folgende Beispiel:
Nehmen wir an, daß über längere Zeiträume in der Bundesrepublik Kernkraftwerke mit einer Leistung entsprechend den
heute in Betrieb und in Bau befindlichen Kernkraftwerken betrieben werden. Der gesamte abgebrannte Kernbrennstoff
wird wiederaufgearbeitet, die entstehenden Abfälle werden
endgelagert. Um die Menge an radioaktiven Abfällen, die sich
dann im Jahre 2100 in Endlagern befinden, so zu verdünnen,
daß die Grenzwerte der deutschen Strahlenschutzverordnung
eingehalten werden, wäre etwa das gesamte Wasservolumen
des Atlantischen Ozeans erforderlich. Und die Abnahme der

Gefährdung durch radioaktiven Zerfall schreitet so langsam voran, daß zu dem gleichen Zweck nach 100 000 Jahren immer noch das Wasservolumen der Ostsee benötigt würde (Kreusch/Hirsch 1984, S. 24 f). Im übrigen bedeutet auch die Einhaltung von Grenzwerten keineswegs, daß damit jegliche Gefährdung vom Tisch wäre.

Zu Beginn der Nutzung der Atomenergie wurde das Problem des sicheren Verbleibs der anfallenden radioaktiven Abfälle kaum beachtet, der Forschungsaufwand zur Lösung dieses Problems tendierte gegen Null.

Erst im Jahre 1962 – als in der Bundesrepublik ein Kernkraftwerk bereits in Betrieb und drei weitere im Bau waren – wurde die damalige Bundesanstalt für Bodenforschung (heute Bundesanstalt für Geowissenschaften – BGR) von der Bundesregierung beauftragt, die Möglichkeiten der Endlagerung radioaktiver Abfälle im tiefen Gesteinsuntergrund der Bundesrepublik zu untersuchen. Ergebnis des ein Jahr später vorliegenden Berichts war, daß die Endlagerung in einem Salzstock die sicherste Möglichkeit der schadlosen Beseitigung der Abfälle biete.

Dieses Ergebnis bedeutete eine wichtige Weichenstellung in der bundesdeutschen Endlagerpolitik, nämlich die Konzentration der weiteren Endlagerforschung und -suche auf das Einlagerungsgestein Salz unter weitestgehender Ausblendung möglicher anderer Wirtsgesteine, wie beispielsweise Granit. Folgerichtig wurde das stillgelegte Salzbergwerk Asse bei Wolfenbüttel im Jahre 1965 vom Bund zu Endlagerzwecken erworben. Ab 1967 wurde in der Asse «versuchsendgelagert», und damit schien das Problem der Beseitigung radioaktiver Abfälle für die Bundesregierung und die Atomwirtschaft erst einmal gelöst zu sein.

Im Jahre 1974 schließlich wurde das Konzept des Integrierten Nuklearen Entsorgungszentrums (NEZ) vorgestellt, bei dem alle Anlagen zur sogenannten Schließung des Brennstoffkreislaufs (Wiederaufarbeitung, Abfallkonditionierung, Endlagerung) an einem Ort konzentriert werden sollten. Durch die

Festlegung der Endlagerung in einem Salzstock mußte für das NEZ ein Standort im Bereich eines geeigneten Salzstocks gefunden werden. Eine Überprüfung der in der Bundesrepublik nur in der norddeutschen Tiefebene ausgebildeten Salzstöcke auf ihre potentielle Eignung hin führte zur Auswahl der Salzstöcke Wahn, Weesen-Lutterloh und Lichtenhorst.

Kaum hatte die Untersuchung dieser drei Standorte begonnen, als die niedersächsische Landesregierung erkennen ließ, daß sie keinen der drei Standorte – offensichtlich nicht zuletzt wegen des sich dort entwickelnden Widerstands gegen die Untersuchungen – akzeptieren würde. Im Februar 1977 benannte sie ihrerseits Gorleben als Standort für das NEZ. Diese im Grunde für alle Beteiligten überraschende Standortbenennung bedeutete den Verzicht auf die der Endlagerungsproblematik angemessene Vorgehensweise, mehrere potentielle Standorte vergleichend zu untersuchen.

Bei der Benennung des Salzstocks Gorleben haben naturwissenschaftliche und auf eine sichere Endlagerung bezogene Sachargumente gegenüber politischen Argumenten, die sich nicht zuletzt auf die leichtere Durchsetzbarkeit des NEZ bei der Bevölkerung im dünn besiedelten Landkreis Lüchow-Dannenberg gründeten, bestenfalls eine ganz untergeordnete Rolle gespielt. Anders ist es nicht zu verstehen, warum gerade der Standort *Gorleben* ausgewählt wurde, obwohl er auf der Liste der potentiell geeigneten Salzstöcke nur an untergeordneter Stelle auftaucht, dies nicht zuletzt wegen seiner extrem grenznahen Lage, die eine vollständige Untersuchung der sich weit bis auf das Gebiet der DDR erstreckenden Gesamtsalzstruktur Gorleben-Rambow nicht zuläßt.

Nach der Benennung von Gorleben hielten die Bundesregierung und die – von ihr mit der Frage der Endlagerung betraute – Physikalisch-Technische Bundesanstalt (PTB) am Standort *Gorleben* mit Verbissenheit fest, obwohl die Standortuntersuchungen der vergangenen Jahre laufend negativ zu bewertende Eigenschaften zutage förderten. Geowissenschaftliche Sachargumente und begründete Einwände werden von Bundesregierung und PTB praktisch nicht zur Kenntnis genommen. Eine ernsthafte Bewertung der Ergebnisse der Standorterkundung *Gorleben* hat die PTB bis heute nicht vorgenommen.

Ab 1976 wurde zusätzlich zum Salzstock *Gorleben* das stillgelegte Eisenerzbergwerk *Konrad* bei Salzgitter auf die Eignung als Endlager untersucht. Hier sollen aber lediglich nicht-wärmeentwickelnde Abfälle eingelagert werden, in denen die Konzentration an radioaktiven Stoffen relativ gering ist. Die Auswahl des Standortes *Konrad* bedeutet keine grundsätzliche Abkehr von der Option «Salz».

Endlagerstandort Gorleben

Der 1977 benannte Salzstock *Gorleben* ist als Endlager für alle Arten von radioaktiven Abfällen vorgesehen (wärmeentwickelnde hochaktive Abfälle sowie mittel- und schwachaktive Abfälle mit vernachlässigbarer Wärmeleistung). Bereits im Jahr seiner Benennung vertrat die damalige Bundesregierung in ihrem ersten Entsorgungsbericht die Meinung, der Salzstock *Gorleben* sei «für die Endlagerung schwach- und mittelaktiver Abfälle in jedem Fall geeignet... Der hochradioaktive Abfall kann sowohl durch die Art seiner Aufbereitung (Konditionierung) als auch durch seine räumliche Anordnung im Salzstock so an die Verhältnisse des endgültig einzurichtenden Bergwerks angepaßt werden, daß er endlagerfähig ist» (Entsorgungsbericht 1978, S. 3). Diese Aussage wurde getroffen, bevor das standortspezifische Untersuchungsprogramm für *Gorleben* überhaupt begonnen hatte. Sie findet sich in den Entsorgungsberichten von August 1983 und Januar 1988 – in quasi vermummter Form – in dem Begriff «Eignungshöffigkeit» des Salzstocks wieder. Offensichtlich hat nach Darstellung von Bundesregierung und PTB das ab 1979 durchgeführte standortspezifische Untersuchungsprogramm in *Gorleben* keine Ergebnisse gebracht, die Zweifel an der Eignung des Standorts rechtfertigen würden.

Ganz im Gegensatz zu dieser amtlichen Interpretation der Ergebnisse des Standortuntersuchungsprogramms haben viele nicht bzw. nicht mehr im Dienst der PTB tätigen Geowissenschaftler – teils bereits nach Bekanntgabe der ersten Untersuchungsergebnisse – darauf hingewiesen, daß die Eignung von *Gorleben* anzuzweifeln sei bzw. nicht gegeben ist. Die «Affäre Duphorn» zeigt, wie Bundesregierung bzw. PTB mit kritischen Meinungen umgehen.

Der Kieler Geologe Duphorn wurde 1979 von der PTB beauftragt, eine quartärgeologische Gesamtinterpretation für den Standort *Gorleben* zu erarbeiten. Das entsprechende Gutachten wurde 1982 der PTB übergeben bzw. in leicht überarbeiteter Form 1983 vorgelegt (Duphorn 1983). In dem Gutachten kommen Duphorn und seine Mitarbeiter zu dem Schluß, daß «der Salzstock *Gorleben* aufgrund der Vielzahl der ... Negativ-Bohrergebnisse, die teilweise beträchtlich vom früheren Kenntnisstand abweichen, seine Eignungshöffigkeit als Endlager für hoch-, mittel- und schwachradioaktive Abfälle verloren» habe. Als Konsequenz wird die Erkundung anderer Salzstöcke gefordert. Das Gutachten warnt insbesondere auch davor, die vorgesehenen Schachtansatzpunkte inmitten einer staffelbruchartigen Zerrstruktur eines salinartektonischen Scheitelgrabens im Deckgebirge abzuteufen. Am 12. Mai 1987 bestätigte sich diese Warnung: im Erkundungsschacht Gorleben 1 wurde infolge eines durch den unerwartet hohen Gebirgsdruck aus seiner Verankerung gerissenen und auf die Schachtsohle herabstürzenden Stahlstützrings ein Bergmann tödlich und fünf weitere schwer verletzt. Die Bedenken von Duphorn waren zuvor von der PTB nicht beachtet und vom für *Gorleben* zuständigen Referenten des BMFT in einer diffamierenden, fachlich inkompetenten Stellungnahme als «absurd» dargestellt worden (Atomforum 1982).

Die Ignoranz der Endlagergremien gegenüber anderen als der von ihnen vertretenen Meinung zeigt sich auch an anderen

Beispielen. So hat die Forderung des früher ebenfalls an der Standorterkundung aktiv beteiligten Geochemikers Herrmann, die geochemischen Aspekte bei der Endlagerung «auf eine dem heutigen Wissensstand der Gesteinsforschung entsprechende Grundlage» zu stellen, keinen erkennbaren Anklang gefunden (Herrmann 1984). Ebensowenig sind die kritischen Stellungnahmen von fünf der acht als Experten befragten Geowissenschaftler bei der «Entsorgungs-Anhörung» vom 20. Juni 1984 vor dem Innenausschuß des Bundestages in irgendeiner Weise berücksichtigt worden (Anhörung 1984). So kann es dann auch nicht überraschen, daß der neueste Entsorgungsbericht vom Januar 1988 immer noch uneingeschränkt von der Eignungshöffigkeit des Salzstocks *Gorleben* ausgeht.

Betrachtet man die Ergebnisse des Standorterkundungsprogramms allein nach geowissenschaftlichen Sachargumenten, dann ergibt sich ein anderes Bild. Sowohl die natürliche Barriere «Deckgebirge des Salzstocks» als auch die Barriere «Salzstock» selbst, die beide gemeinsam die Ausbreitung von Radionukliden in die Biosphäre verhindern sollen, weisen sehr negative Eignungsmerkmale auf.

Aufgabe des Deckgebirges ist es, eventuell aus dem Endlagersalzstock austretende und mit Radionukliden kontaminierte Laugen/Wässer für Hunderttausende von Jahren von der Biosphäre, das heißt dem potentiell nutzbaren oberflächennahen Grundwasser, zurückzuhalten. Voraussetzung dafür ist, daß das Grundwasser im Deckgebirge, das als Transportmittel für die Radionuklide in Frage kommt, sehr langsam fließt und verschiedene Grundwasserstockwerke durch flächenhaft verbreitete und sehr gering durchlässige Tonschichten hydraulisch wirksam voneinander getrennt sind.

Mißt man das Deckgebirge des Gorlebener Salzstocks an diesen Anforderungen, so zeigt sich, daß sie in keiner Weise erfüllt sind. Insbesondere die geforderte flächenhafte Verbreitung einer wirksamen Tonschicht ist im Gorlebener Deckgebirge nicht gegeben. Vielmehr sind die beiden im Deckgebirge entwickelten Grundwasserstockwerke miteinander hydraulisch verbunden, so daß ein Aufstieg kontaminierter Grund-wässer aus den tieferen Bereichen des Deckgebirges in Richtung Biosphäre möglich ist. Die Untersuchungen zeigen weiterhin, daß die Strömungsgeschwindigkeit des Grundwassers im Deckgebirge hoch ist. Auf der Grundlage standortspezifischer Daten durchgeführte Grundwassermodellierungen ergeben, daß Grundwasser aus dem Bereich des Salzstocks in einer Zeitspanne von ca. 900 bis ca. 3700 Jahren den Weg bis ins oberflächennahe Grundwasser zurücklegen kann. Diese Zeitspanne ist – verglichen mit der Langlebigkeit vieler Radionuklide und selbst bei Berücksichtigung konzentrationsverringernder Einflüsse wie Sorption und Dispersion – viel zu kurz, um noch von einer nennenswerten Barrierewirkung des Deckgebirges sprechen zu können.

Diese rein negativen Eignungsmerkmale des Deckgebirges hat auch die PTB nicht vollständig außer acht lassen können. In einem entsprechenden PTB-Bericht heißt es dazu: «Zusammenfassend ist festzustellen, daß die über den zentralen Bereichen des Salzstocks Gorleben vorkommenden tonigen Sedimente keine solche Mächtigkeit und durchgehende Verbreitung haben, daß sie in der Lage wären, potentiell kontaminierte Grundwässer auf Dauer von der Biosphäre zurückzuhalten» (PTB 1983, S. 65). Im Klartext heißt dies: Die Barriere Deckgebirge ist ungeeignet.

Anstatt die richtige Konsequenz aus dieser Erkenntnis zu ziehen, das heißt den Standort *Gorleben* aufzugeben, wird die gesamte Sicherheitslast jetzt der Barriere Salzstock aufgebürdet. Bei näherer Betrachtung und Bewertung u. a. der aus den sechs Tiefbohrungen (vier Untersuchungs- und zwei Schachtvorbohrungen) gewonnenen Kenntnisse über den eigentlichen Salzstock zeigt sich aber, daß der Salzstock die in ihn gesetzten Erwartungen ebenfalls nicht erfüllt.

So ist eine wesentliche Eignungsvoraussetzung, nämlich das Vorhandensein eines ausreichend großen Volumens an sogenanntem «älterem Steinsalz», in dem eingelagert werden soll, nicht erfüllt. Hinzu kommt, daß im Zentralteil des Salzstocks mit großer Wahrscheinlichkeit ein Hauptanhydritstrang bis in die vorgesehene Endlagertiefe von ca. 850 m unter Gelände reicht. Gerade aber dieser Hauptanhydrit, ein sprödes, klüftiges und potentiell wasserleitendes Gestein, ist im Salzbergbau seit jeher als «Wasserbringer» gefürchtet und hat zum Absaufen etlicher Salzbergwerke geführt. Das wahrscheinliche Vorkommen von Hauptanhydrit bis in den geplanten Endlagerbereich hinein ist um so gravierender einzuschätzen, da das Einbringen wärmeentwickelnder Abfälle zu einer ca. 2000 Jahre dauernden Ausdehnung des Salzstocks führt. Nach Abkühlung der Abfälle wird die Ausdehnungsphase von einer Kontraktionsphase gefolgt. Diese Bewegungen des Salzstocks können dazu führen, daß über die Aktivierung des Wasserbringers Hauptanhydrit das Endlagerbergwerk absäuft und anschließend radioaktive Stoffe freigesetzt werden.

Weiterhin sind in den Tiefbohrungen *Gorleben* Lösungszuflüsse und in den beiden Schachtvorbohrungen Kohlenwasserstoffe angetroffen worden. An sich nichts Außergewöhnliches, es zeigt jedoch, daß der Salzstock in der Vergangenheit Wegsamkeiten für Lösungen aufgewiesen hat. Es ist nicht auszuschließen, daß durch den Wärmeeintrag in den Salzstock und die dadurch hervorgerufene Verformung des Salzstocks neuerlich Wegsamkeiten im Salz selbst entstehen (das heißt nicht nur über den Hauptanhydrit), über die aggressive Salzlaugen an die Abfälle gelangen können.

Die Integrität der Barriere Salzstock ist noch aus anderen Gründen in Zweifel zu ziehen. So ist bekannt, daß der Salzstock auf einer Fläche von rund 7,5 km^2 direkt von grundwasserführenden Sanden überlagert und dadurch an seiner Oberfläche abgelaugt wird (sogenannte «Gorlebener Rinne»). Insbesondere in den Bereichen, wo leicht wasserlösliche Kalisalze vom Salzstockinneren bis an die Salzstockoberfläche reichen, sind diese bis zu einer Tiefe von 92 m total aufgelöst worden. Einflüsse dieser Auflösungsvorgänge sind bis zu einer Tiefe von ca. 170 m unter Salzstockoberfläche noch nachweisbar. Im übrigen gibt es gute Gründe für die Annahme, daß weitere bisher nicht entdeckte und womöglich noch tiefere Auslaugungsrinnen an der Salzstockoberfläche existieren.

Die aufgeführten und bekannten Tatsachen genügen, um dem Salzstock *Gorleben* jegliche Eignungshöffigkeit abzusprechen. Das Festhalten an dem Salzstock durch Bundesregierung und PTB ist nicht mehr zu erklären. Es muß davon ausgegangen werden, daß sachfremde Gründe dazu geführt haben, die untertägige Erkundung des Salzstocks im Juli 1983 in Angriff zu nehmen. Die dabei während des Schachtabteufens bereits aufgetretenen Probleme sowie der Verlust eines Menschenlebens sprechen eine deutliche Sprache. Es ist zu erwarten, daß spätestens nach dem vollständigen Auffahren des Endlagerbergwerks (Kosten: mindestens 2,7 Milliarden DM) der finanzielle Sachzwang jegliche Sicherheitsbedenken verdrängen wird.

Endlagerstandort Konrad

Im Gegensatz zu *Gorleben* hat der Standort *Konrad* in der öffentlichen Diskussion bisher kaum Beachtung gefunden, obwohl an diesem Standort das Verfahren für die Einrichtung eines Endlagers bisher am weitesten gediehen ist.

Beim geplanten Endlager *Konrad* handelt es sich um ein in 1000 bis 1300 m Tiefe gelegenes ehemaliges Eisenerzbergwerk, das 1976 aus wirtschaftlichen Gründen stillgelegt wurde. Von 1976 bis 1982 untersuchte die Gesellschaft für Strahlen- und Umweltforschung (GSF), ob das Bergwerk für die Endlagerung schwachaktiver Abfälle grundsätzlich geeignet sei (GSF 1982). Ergebnis der Untersuchungen war eine positive Eignungsaussage, die von der Bundesregierung in ihren Entsorgungsbericht vom August 1983 voll übernommen wurde. Gleichfalls im August 1983 und auf der Grundlage des GSF-Berichts stellte die PTB den Antrag auf Erteilung eines Planfeststellungsbeschlusses, wobei mit einem Einlagerungsbeginn im Jahre 1988 gerechnet wurde. Dabei war zunächst nur die Einlagerung sogenannter schwachaktiver Abfälle (insbesondere beim Abriß von Atomkraftwerken entstehender Schrott) vorgesehen. Später wurde umdefiniert: nun sollen alle Abfälle mit «vernachlässigbarer Wärmeentwicklung» eingelagert werden, mithin auch sogenannte Mittelaktive.

Nicht zuletzt auf Grund politischer Widerstände in der Region gab die Stadt Salzgitter eine unabhängige Begutachtung des entsprechenden GSF-Berichts in Auftrag. Dieses Gutachten, das im Oktober 1983 vorgelegt wurde, zeigte, daß die GSF mit ihren Untersuchungen die grundsätzliche Eignung von Schacht *Konrad* nicht hat nachweisen können (Gruppe Ökologie 1983). In der Folge verhielten sich Bundesregierung und PTB auch hier so wie beim Standort *Gorleben*: sie ignorierten die ihr nicht genehmen Auffassungen, PTB und GSF weigerten sich, an öffentlichen Diskussionen zu den Gutachten teilzunehmen.

Immerhin wurden ab 1982 weitere umfangreiche Untersuchungen am Standort *Konrad* durchgeführt, und im September 1986 legte die PTB der Planfeststellungsbehörde die Planunterlagen zu Schacht *Konrad* vor. Zur Wahrung ihrer Interessen hat die Stadt Salzgitter die Planunterlagen von drei verschiedenen Instituten (Batelle-Institut, Ingenieurgeologisches Institut Pieles und Gronemeyer, Gruppe Ökologie) begutachten lassen. Insbesondere zwei der Gutachtergruppen kamen zu dem Ergebnis, daß die von der PTB vorgelegten Planunterlagen unvollständig und in keiner Weise nachvollziehbar seien und sich somit einer fundierten Bewertung entzögen. Unabhängig davon hat auch die Planfeststellungsbehörde die von der PTB vorgelegten Planunterlagen beanstandet und fundierte Nachweise der Langzeitsicherheit gefordert. Dennoch wird im Entsorgungsbericht vom Januar 1988 der GSF-Bericht von 1982 (und die in ihm angeblich festgestellte grundsätzliche Eignung von *Konrad*) noch als Grundlage der weiteren Vorgehensweise an diesem Standort benannt.

Ob der Nachweis der Langzeitsicherheit des Standortes von der PTB überhaupt erbracht werden kann, ist derzeit offen. Bekannt ist immerhin, daß die entscheidende geologische Barriere, nämlich die mächtigen Unterkreidetonsteine, zwar in der Standortregion selbst den Einlagerungshorizont überdecken, in der weiteren Standortregion (ca. 30 Kilometer nördlich des Standorts im Bereich der Allerniederung) jedoch nicht vorhanden ist. Da das tiefe Grundwasser in der gesamten Region generell nach Norden fließt, kann somit nicht ausgeschlossen werden, daß über diesen Weg Radionuklide ins oberflächennahe Grundwasser im Bereich der Allerniederung transportiert werden.

Die Bedeutung des Schachts *Konrad* liegt zum einen darin, daß an diesem Standort zum erstenmal exemplarisch ein Genehmigungsverfahren für ein Endlager (und damit verbunden der Versuch des Nachweises der Langzeitsicherheit) durchgeführt wird; zum anderen sollen in *Konrad* (Nettoeinlagerungsvolumen rund 500000 m^3) alle Arten von radioaktiven Abfällen mit Ausnahme der stark wärmeentwickelnden hochradioaktiven Abfälle eingelagert werden. Gerade bei der großen Menge «kalter» Abfälle herscht der größte Entsorgungsdruck.

Laut Entsorgungsbericht vom Januar 1988 erwartet die Bundesregierung für Anfang der neunziger Jahre die Aufnahme des Einlagerungsbetriebs. Ob diese Erwartung erfüllt wird, ist mehr als fraglich. So ist zum Beispiel nicht abzusehen, wie die PTB innerhalb der verbleibenden recht kurzen Zeit einen belastbaren Langzeitsicherheitsnachweis für den Standort erbringen kann.

Endlagerstandort Asse

Das 1964 stillgelegte Salzbergwerk *Asse* ging ein Jahr später in den Besitz der GSF über, die dort Forschungs- und technische Entwicklungsarbeiten zur Endlagerung im Salz durchführen wollte. Hinter diesem scheinbar rein wissenschaftlichen Interesse stand – und steht noch – das handfeste Interesse, ein Endlager in dem alten Salzbergwerk einzurichten. Tatsächlich ist die Asse das erste Endlager der Bundesrepublik Deutschland, denn zwischen 1967 und 1978 wurden im Rahmen einer auf zweifelhaften juristischen Grundlagen beruhenden «Versuchs-endlagerung» rund 125000 Fässer schwachaktiver und rund 1300 Fässer mittelaktiver Abfälle eingelagert. Nachdem – erst 1976 – das atomrechtliche Genehmigungsverfahren vorgeschrieben wurde, mußte die Einlagerung 1978 beendet werden.

Das Grubengebäude der Schachtanlage *Asse* erschließt einen Bereich von 490 bis 850 Meter unter Gelände an der Südflanke des Asse-Salzsattels. Durch den Salzabbau wurden auf sechzehn Sohlen rund 150 Abbaukammern mit zusammen ca. vier Millionen m^3 Hohlraum erstellt. An der langfristigen Standsicherheit dieses großen unversetzten Grubengebäudes wurden starke Zweifel laut (Jürgens 1979). Insbesondere wird kritisiert, daß die von der GSF gewählten rechnerischen Ansätze bei der Berechnung der Standsicherheit in allen Fällen zu günstig gewählt wurden.

Weiterhin wird festgestellt, daß die GSF in ihren Standsicherheitsberechnungen das extrem leicht wasserlösliche Karnallit-flöz (Karnallit ist ein Kalisalzmineral, das selbst von gesättigten NaCl-Laugen noch gelöst wird) nicht berücksichtigt hat, welches sich nur in geringem Abstand zum eigentlichen Grubengebäude befindet und mit diesem durch zahlreiche Strecken verbunden ist. Bei einem nicht auszuschließenden Absaufen des Grubengebäudes kann deshalb infolge der Karnallit-auflösung die Tragfähigkeit des gesamten Gebirgsverbandes so abnehmen, daß ein Zusammenbrechen des Grubengebäudes nicht ausgeschlossen werden kann (Jürgens 1979). Es ist der

GSF bis heute nicht gelungen, diese Vorwürfe und Bedenken zu entkräften.

Seit dem Stopp der «Versuchsendlagerung» im Jahre 1978 werden in der Asse nur noch Forschungs- und Entwicklungsarbeiten für die Endlagerung im Salz durchgeführt. Parallel dazu ist in den letzten Jahren ein umfangreiches Standortuntersuchungsprogramm durchgeführt worden, um den Kenntnisstand über die (hydro-)geologischen Verhältnisse der gesamten Asse-Struktur zu verbessern. Die Ergebnisse dieser Untersuchungen, die im einzelnen nicht öffentlich sind, versetzen den Betreiber in die Lage, kurzfristig die für die Eröffnung eines Planfeststellungsverfahrens nötigen Unterlagen zusammenzustellen. Laut Entsorgungsbericht vom Januar 1988 will die Bundesregierung mit Blick auf den Fortgang des Planfeststellungsverfahrens für Schacht *Konrad* entscheiden, ob die Endlagerung radioaktiver Abfälle in der *Asse* angestrebt werden soll. Kommt es am Standort *Konrad* zu nicht überschaubaren Verzögerungen, dann wird die *Asse* als Endlager reaktiviert: Für beide Standorte sind nur «kalte» Abfälle vorgesehen. Auszuschließen ist wohl, daß in der *Asse* stark wärmeentwickelnde Abfälle eingelagert werden, da der Wärmeeintrag die Standsicherheit des Grubengebäudes zusätzlich belasten würde.

Das Jahrmillionenproblem

Die radioaktiven Stoffe, die ein Endlager wie das in *Gorleben* geplante aufnehmen soll, bilden noch nach Jahrmillionen ein enormes Gefährdungspotential für das Leben auf der Erde. Eine «sichere Endlagerung» setzt den Nachweis voraus, daß über Jahrmillionen keine erheblichen Mengen an eingelagertem Atommüll wieder in die Biosphäre gelangen können.

Seit 1977 wird im Rahmen des «Projekt Sicherheits-Studien Entsorgung» des Bundesforschungsministeriums ein formales, standortunabhängiges Instrumentarium zur Führung eines solchen Nachweises entwickelt. Im Jahr 1983 empfahl die Reaktorsicherheits-Kommission, den Langzeit-Eignungsnachweis für Endlager einzig mit der dabei entwickelten Methode durchzuführen.

Die Methode geht von der Annahme aus, daß Wasser in den Endlagerbereich eindringt, wodurch es zu einer Mobilisierung der vorhandenen Radionuklide und anschließendem Transport mit dem Grundwasser bis in die Biosphäre (das heißt in oberflächennahes Grundwasser) kommt. Die Mobilisierung und der Transport der Radionuklide werden aber durch sogenannte Barrieren behindert, was dazu führt, daß nur ein Teil des insgesamt eingelagerten Inventars in die Biosphäre gelangt.

Man unterscheidet künstliche Barrieren (Abfallform, Abfallbehälter, Verschlüsse von Bohrlöchern und Endlagerkammern) von den wichtigeren natürlichen Barrieren (Geosphäre, insbesondere Salzstock, Deckgebirge). Das Rückhaltevermögen jeder einzelnen Barriere wird für alle Arten von Radionukliden bestimmt und für alle Barrieren zusammen in Form eines komplizierten mathematischen Modells dargestellt.

Mit der Methode läßt sich eine Menge an Radionukliden ermitteln, die in die Biosphäre gelangt, und die daraus resultierende radiologische Belastung der in der entsprechenden Region lebenden Menschen berechnen. Liegt die errechnete zukünftige radiologische Individualbelastung unter den durch die Strahlenschutzverordnung vorgeschriebenen Grenzwerten, so gilt die Langzeitsicherheit als nachgewiesen und damit der Eignungsnachweis als geführt.

Die Aussagekraft der Ergebnisse dieser Methode, die auf den ersten Blick bestechend erscheint, ist bei genauer Betrachtung jedoch in hohem Maße zweifelhaft. Das komplexe Gesamtsystem Endlager (das heißt Abfälle, Endlager, geologische Endlagerformation bzw. Geosphäre) entzieht sich der ausreichend genauen rechnerischen Simulation weitgehend. Die Ermittlung realistischer und belastbarer Eingangswerte / Parameter für das Modell (zum Beispiel Gesteinsdurchlässigkeits- und Sorptionswerte) bereitet größte Schwierigkeiten. In der weiteren Zukunft auftretende Veränderungen (zum Beispiel Grundwasserhydraulik, -chemismus) können nicht erfaßt werden. Diese Schwierigkeiten führen dazu, daß die simulierte zukünftige Modellrealität keineswegs die in der Zukunft tatsächlich eintretenden Verhältnisse repräsentiert. Eine Eichung der Programme an Hand von Experimenten ist wegen der zu berücksichtigenden extrem langen Zeiträume nicht möglich.

Wenn der Eignungsnachweis allein mit Hilfe dieser Methode erbracht wird, kann das dazu führen, daß bedenkliche geologische Befunde an einem Standort ausgeklammert werden. So ist zu Beginn der Standortuntersuchungen in *Gorleben* seitens der Endlagergremien immer auf die sicherheitsmäßige Bedeutung von Salzstock und Deckgebirge hingewiesen worden. Nachdem die Untersuchung des Deckgebirges nur negative Eignungsmerkmale erbrachte, hätte der Standort – gemessen an den früheren Anforderungen – aufgegeben werden müssen. Berechnungen, die mit der PSE-Methode für den Standort durchgeführt wurden, ergeben nun, daß der Standort auch ohne Berücksichtigung des Deckgebirges sicher sei. Vor dem Hintergrund der dargestellten prinzipiellen Probleme der Sicherheitsanalyse kann dies nur als «Wegrechnen» einer Barriere bezeichnet werden, die wegen ihrer konkreten geologischen Eigenschaften nicht die früher an sie gestellten notwendigen Anforderungen erfüllt hat.

Das Rechenergebnis, der Standort *Gorleben* sei sicher, beruht nicht zuletzt auf der Unterstellung, daß an die hochaktiven Abfälle (das heißt den bei weitem überwiegenden Teil der langlebigen Radionuklide) nach einem Wassereinbruch ins Endlager überhaupt kein Wasser herantritt, weil die entsprechenden Kammerzugänge durch wasserdichte Dämme abgeschlossen werden sollen. Bei fehlendem Wasserzutritt an die Abfälle können die Radionuklide natürlich auch nicht mobilisiert werden; folglich brauchen sie bei den Ausbreitungsberechnungen nicht berücksichtigt werden. Die Realität sieht jedoch anders aus: Zum einen existieren die über Hunderttausende von Jahren wasserdichten Dämme nur auf dem Papier, zum anderen (und das ist entscheidend) kann nicht mit Sicherheit ausgeschlossen werden, daß ein Wasser- bzw. Laugeneinbruch direkt im Lagerbereich der hochaktiven Abfälle stattfindet und nicht – wie angenommen – außerhalb.

Im übrigen geht auch die PTB seit einiger Zeit davon aus, daß die Ermittlung der individuellen Strahlenbelastung nach dieser Methode wegen abnehmender Verläßlichkeit im Verlauf der zu betrachtenden Zeiträume nur für ca. 10000 Jahre sinnvoll ist. Gleichzeitig unterstellt sie aber, dieser Zeitraum genüge auch, wobei sie sich auf mehr als fragwürdige Toxizitätsvergleiche zwischen Abfällen aus Kernkraftwerken und Rückständen aus Kohlekraftwerken stützt. Für darüber hinausgehende Zeiträume soll die Sicherheitsanalyse nur noch für eine «nuklidspezifische Bewertung geologischer Systeme» dienen (Röthemeyer 1987).

Dieser skeptischen Einschätzung der Leistungsfähigkeit der Sicherheitsanalyse ist grundsätzlich zuzustimmen. Sie sollte freilich nicht zur Einengung des betrachteten Zeitrahmens führen, sondern sich vielmehr grundsätzlich und unabhängig von irgendwelchen Zeitspannen auf die Methode selbst, das heißt auf die Möglichkeit der exakten Modellierbarkeit komplexer natürlicher Vorgänge überhaupt, beziehen.

Der Sinneswandel der PTB läuft letztendlich darauf hinaus, daß

● Sicherheitsbetrachtungen bei der Endlagerung nur noch für Zeiten bis ca. 10000 Jahre durchgeführt werden.

● Die Anforderungen an die Qualität der (hydro-)geologischen Standortdaten reduziert werden.

Beide Aspekte zusammen führen dazu, daß der Eignungsnachweis für Endlagerstandorte wesentlich erleichtert wird. Ob die Vorstellungen der PTB allerdings im juristischen Rahmen Bestand haben werden, bleibt abzuwarten. Immerhin enthalten die Endlagerkriterien der Reaktorsicherheitskommission keine zeitliche Begrenzung für die Gewährleistung des entsprechend § 45 Strahlenschutzverordnung zu sichernden Schutzes vor unzulässiger Strahlenexposition (RSK 1983).

Insgesamt stellt die PSE-Methode als Langzeiteignungsnachweis für Endlager ein gefährliches Werkzeug dar. Unter dem Deckmantel mathematischer Genauigkeit öffnet sie der Willkür – und das heißt: der bewußten Beeinflussung der Ergebnisse – Tür und Tor. Es zählen nicht mehr die konkreten eignungsbestimmenden Merkmale eines Standortes (u. a. geologische Situation), sondern nur noch die auf unzureichenden Modellen, nicht belastbaren bzw. nicht repräsentativen Daten sowie unbegründeten Annahmen (zum Beispiel Dämme) beruhenden Berechnungen, die in ihrer Gesamtheit eine standortspezifische Sicherheit vorgaukeln, die mit der notwendigen *realen* Langzeitsicherheit nichts mehr gemein hat.

In den späten fünfziger und frühen sechziger Jahren glaubte man ernsthaft, sich der Abfälle entledigen zu können, indem man sie in den Weltraum schießt, in den Eiskappen der Pole vergräbt oder in die Ozeane wirft. Die Naivität und Leichtsinnigkeit solcher Überlegungen – man denke nur an die Transportrisiken, den Absturz von Weltraumraketen oder die Verseuchung der Meere – kann einen auch heute noch das Fürchten lehren.

Die seit einigen Jahren allgemein anerkannte Lösung, die gefährlichen Abfälle in tiefliegenden Gesteinsformationen der Erdkruste einzulagern, bietet gegenüber den früheren Vorstellungen eindeutige Sicherheitsvorteile, da Stoffkreisläufe in der Erdkruste im Gegensatz zu Stoffkreisläufen im Boden, der Hydrosphäre oder der Atmosphäre im allgemeinen sehr langsam ablaufen.

Doch auch diese bessere Lösung bietet nur einen relativen Fortschritt. Selbst wenn die heute in der Bundesrepublik Deutschland geübte unangemessene Art und Weise des Umgangs mit diesem Problem durch einen sinnvolleren Verfahrensablauf ersetzt würde, könnte niemand die langfristige Eignung des ausgewählten Standortes tatsächlich garantieren. Die im Rahmen von Genehmigungsverfahren für Endlagerstandorte zu erbringenden Langzeitsicherheitsnachweise sind keine Garantie dafür, daß die Abfälle tatsächlich nicht langfristig in die Biosphäre gelangen.

Dieser Aspekt wird noch deutlicher, wenn man berücksichtigt, daß ein Kontakt zu den endgelagerten Abfällen unwissentlich durch zukünftig lebende Menschen hergestellt werden kann (zum Beispiel bei der Suche nach Salzlagerstätten). In den USA sind ernsthafte Überlegungen angestellt worden, wie durch menschliche Tätigkeiten bedingtes Freisetzen radioaktiver Abfälle verhindert werden kann (zum Beispiel Installation von Warnemblemen oder -substanzen im Endlagerbereich) (ONWI 1984). Allerdings sind auch solche Maßnahmen fragwürdig, da über die unvorstellbar langen Zeiträume weder der Wissenstransfer noch die Beständigkeit eingesetzter Warnmaterialien gewährleistet sind.

Es bleibt die Erkenntnis, daß es für das Problem der Endlagerung keine umfassend sichere Lösung gibt. Die daraus zu ziehende Konsequenz liegt auf der Hand: Stopp der Produktion weiterer Abfälle und vergleichende Untersuchung mehrerer Standorte, von denen der am besten geeignete für die Endlagerung der bereits vorhandenen Abfälle ausgewählt wird.

Literatur

Anhörung (1984): Öffentliche Anhörung von Sachverständigen zu dem Bericht der Bundesregierung zur Entsorgung der Kernkraftwerke und anderer kerntechnischer Einrichtungen, 31. Sitzung des Innenausschusses v. 20. 6. 1984, BT-Drucksache 10/327.

Atomforum (1982): DAtF-Info, Heft 1/1982 v. 3. 8. 1982 (Sonderausgabe).

Duphorn, K. (1983): Quartärgeologische Gesamtinterpretation Gorleben, unveröff. Abschlußbericht, erstellt im Auftrag der PTB.

Entsorgungsbericht (1978): Situation der Entsorgung der Kernkraftwerke in der Bundesrepublik Deutschland, Entsorgungsbericht v. 30. 11. 1977.

Entsorgungsbericht (1983): Bericht der Bundesregierung zur Entsorgung der Kernkraftwerke und anderer kerntechnischer Einrichtungen v. 24. 8. 1983.

Entsorgungsbericht (1988): Bericht der Bundesregierung zur Entsorgung der Kernkraftwerke und anderer kerntechnischer Einrichtungen v. 13. 1. 1988.

Fink et al. (1987): Fink, U., Hirsch, H. und Kreusch, J.: Gutachterliche Stellungnahme zum geplanten Endlager «Schacht Konrad» – Auswirkungen des Vorhabens auf das Gebiet der Gemeinde Vechelde, erstellt von der Gruppe Ökologie Hannover im Auftrag der Gemeinde Vechelde, Oktober 1987.

Gruppe Ökologie (1983): Gutachten zum Abschlußbericht der GSF über die Untersuchung der Eignung von Schacht Konrad als Endlager für radioaktive Abfälle. – Gutachten, erstellt im Auftrag der Stadt Salzgitter, Gruppe Ökologie – Inst. f. ökolog. Forschung u. Bildung Hannover.

GSF (1982): Abschlußbericht «Eignungsprüfung der Schachtanlage Konrad für die Endlagerung radioaktiver Abfälle». - 2 Bde., Gesellschaft f. Strahlen- u. Umweltforschung, Neu-Herberg.

Herrmann, A. G. (1984): Die Entstehung von Lösungen im Salzstock Gorleben. – In: Entsorgung, Bericht von einer Informationsveranstaltung des Bundes vor dem Schachtabteufen, Salzstock Gorleben, v. 27./28. 5. 1983, Bd. 3, S. 441–451, BMFT Bonn.

Jürgens, H. H. (1979): Abfalldeponie Salzbergwerk Asse II: Gefährdung der Biosphäre durch mangelnde Standsicherheit und das Ersaufen des Grubengebäudes, 56 S., Eigendruck Braunschweig.

Kreusch, J./Hirsch, H. (1984): Sicherheitsprobleme der Endlagerung radioaktiver Abfälle im Salz. Beschreibung der Konzepte, Mängel und Grenzen von Sicherheitsanalysen, Diskussion von Schutzzielen und Kriterien. – Studien u. Dokumente, Schriftenreihe der Max-Himmelheber-Stiftung, Nr. 9.

ONWI (1984): Communication Measures to Bridge Ten Millennia. – Technical Report BMI/ONWI-532, april 1984.

PTB (1983); Zusammenfassender Zwischenbericht über bisherige Ergebnisse der Standortuntersuchung in Gorleben, 153 S., Physikalisch-Technische-Bundesanstalt Braunschweig.

Röthemeyer, H. (1987): Endlagerprojekte unter besonderer Berücksichtigung der Abfälle aus der Wiederaufarbeitung. – Manuskript eines Vortrages, gehalten auf dem Symposium «Entsorgung von Kernkraftwerken», München, 18.–21. 5. 1987.

RSK (1983): Sicherheitskriterien für die Endlagerung radioaktiver Abfälle in einem Bergwerk. – Bundesanzeiger, 2/1983, S. 45–46, Bonn.

SAE (1984): Systemstudie Anderer Entsorgungstechniken – Hauptband, zu-
sammengestellt von der Projektgruppe Andere Entsorgungstechniken, Kernforschungszentrum Karlsruhe, Dezember 1984.

5. Egbert Kankeleit / Christian Küppers
Atombomben aus Reaktor-Plutonium?
Ein Kurzgutachten

Das bei der Bestrahlung des Urans in Atomreaktoren entstehende Plutonium besteht aus verschiedenen Isotopen mit unterschiedlichen physikalischen Eigenschaften. Die Anteile der einzelnen Isotope hängen von Zeitdauer und Intensität der Bestrahlung – vom «Abbrand» des Urans – ab. Bei geringem Abbrand besteht das Plutonium ganz überwiegend aus dem Isotop Pu-239; bei längerem Abbrand bauen sich daneben vermehrt andere Isotope, insbesondere Pu-240 auf.

Aus Gründen, die weiter unten erläutert werden, eignet sich Plutonium um so besser für Atomwaffen, je höher sein Gehalt an Pu-239 ist. Typisches «Waffenplutonium» enthält mindestens 93 Prozent Pu-239. In den Kernkraftwerken der Elektrizitätswirtschaft, also im «zivilen» Sektor der Atomenergie, wird aus wirtschaftlichen Gründen ein hoher Abbrand angestrebt, was zur Absenkung des Gehalts an Pu-239 bei den weltweit gebräuchlichen Atomkraftwerken mit Leichtwasserreaktoren auf ca. 60 Prozent führt.

Zu Beginn der zivilen Nutzung der Atomenergie – in den sechziger Jahren – blieb die Möglichkeit, aus dem «Reaktorplutonium» Atomwaffen herzustellen, praktisch unbeachtet. Damals herrschte die Auffassung, Reaktorplutonium sei nicht «waffentauglich». Diese Auffassung ist längst widerlegt; umstritten ist allenfalls noch der Grad der Schwierigkeit, Atombomben aus Reaktorplutonium herzustellen, und damit die Frage, inwieweit etwa terroristische Gruppen oder kleine Staaten ohne entwickelte technisch-wissenschaftliche Infrastruktur dazu in der Lage wären. Dieser Frage gehen wir in zwei Schritten nach. Zunächst zeichnen wir den Verlauf der Diskussion um die Waffentauglichkeit des Reaktorplutoniums in den USA nach und kontrastieren dies mit der öffentlichen Behandlung dieses Themas in der Bundesrepublik. Im Anschluß daran erläutern wir die Grundzüge der technisch-physikalischen Problematik.

Waffentauglichkeit von Reaktor-Plutonium

Die Diskussion in den USA

Diese Diskussion begann in den USA bereits 1945 mit dem Franck-Report vom 11. Juni 1945 und dem Acheson-Lilienthal-Report vom 16. März 1946. Diese beiden Berichte stellen einen frühen gemeinsamen Versuch von Wissenschaftlern, Militärs und Politikern dar, die Folgen der in der Entwicklung begriffenen Atomtechnik abzuschätzen und in ihrem Sinne zu beeinflussen.

Die öffentliche Debatte kam aber bald zum Erliegen. Auch als ab 1957 immer mehr Atomreaktoren zur Stromerzeugung in Betrieb genommen wurden, gab es kaum Stimmen, die auf eine damit möglicherweise verbundene Proliferationsgefahr aufmerksam gemacht hätten. Erst zu Beginn der siebziger Jahre wurde dieses Problem in den USA sozusagen neu entdeckt. In anderen Ländern – z. B. Frankreich – soll dies etwas früher geschehen sein, jedoch ohne Beachtung zu finden (Lovins 1980).

Einer der ersten, die Anfang der siebziger Jahre auf die Möglichkeit der Verwendung von Reaktor-Pu in Atomwaffen aufmerksam machten, war J. Carson Mark, der auch am Manhattan-Projekt gearbeitet hatte. Er fürchtete, daß Staaten, die über kein Waffen-Pu verfügen, für Waffenzwecke auf Reaktor-Pu zurückgreifen könnten (Mark 1971).

Auch Theodore B. Taylor, der von 1946 bis 1956 in Los Alamos mit der Entwicklung von Atomwaffen betraut gewesen war, warnte vor einer möglichen Entwendung von Reaktor-Pu und dem Bau einer Atomwaffe selbst durch terroristische Gruppen (Taylor 1972). Gestützt wurden seine Thesen z. B. von David B. Hall, der in Los Alamos an nuklearen Sicherungsproblemen arbeitete (Hall 1972).

Victor Gilinsky, Physiker der Rand Corporation und später Mitglied des US-Kongresses, der noch 1971 Reaktor-Pu für im Hinblick auf einfache, zuverlässige und effektive Waffen untauglich bezeichnet hatte, schwenkte 1972 – angeregt von Hall – um (Gilinsky 1972) und prangerte später als Mitglied des US-Kongresses mit großer Vehemenz Proliferationsprobleme bei der Weitergabe von kerntechnischem Know-how an.

Viel beachtet wurde das 1974 von Mason Willrich, einem mit Abrüstungsfragen beschäftigten Professor für Rechtswissenschaften, und Taylor gemeinsam herausgegebene Buch «Nuclear Theft: Risks and Safeguards» (Willrich 1974). Willrich und Taylor wollten die Gefahr des Diebstahls bombenfähigen nuklearen Materials ins öffentliche Bewußtsein rücken, um so die Verantwortlichen zu Gegenmaßnahmen zu zwingen. Die Autoren hielten es für möglich, mittels nicht klassifizierter Literatur das für den Bau einer Pu-Waffe erforderliche Fachwissen zu erlangen. Die erreichbare Sprengkraft schätzten die Autoren im Bereich von einigen kt TNT *. Sie betonten, daß mittels Zündung einer einfachen Atombombe an geeigneter Stelle mehr als 100 000 Menschen durch terroristische Gruppen getötet werden könnten.

Auf einer vom Stockholm International Peace Research Institute (SIPRI) dokumentierten Konferenz im Juni 1973 vertrat John C. Hopkins vom Los Alamos Scientific Laboratory die Meinung, die Erzeugung riesiger Mengen von Pu in Leistungsreaktoren sei kein solcher Grund zur Sorge, wenn nicht – entge-

---

* Die Sprengkraft einer Atomwaffe wird üblicherweise in Äquivalent des brisanten Sprengstoffs TNT (Trinitrotoluol) angegeben. Eine Kilotonne (kt = 1000 t) TNT-Äquivalent entspricht z. B. 4,2 TJ und damit der Sprengkraft von 1000 t TNT. Die Sprengkraft der Nagasaki-Bombe soll 21 kt TNT-Äquivalent betragen haben (Cochran 1987).

gen früheren Behauptungen – dieses Material waffentauglich sei. Jorma K. Miettinen, Professor am Institut für Radiochemie der Universität Helsinki, referierte über spezielle Verwendungsmöglichkeiten von Reaktor-Pu und verwies auf in Militärkreisen geäußerte Vorteile von Atomwaffen mit einer Sprengkraft von wenigen Tonnen TNT-Äquivalent. Diese Waffen sollten auch in der Nähe eigener Truppen einsetzbar sein (SIPRI 1974).

Die Zündung einer Atombombe durch Indien im Mai 1974 leitete in den USA einen Prozeß ein, der innerhalb von drei Jahren dazu führte, daß sich nicht mehr nur Einzelpersonen des US-Kongresses neben Wissenschaftlern mit Proliferationsproblemen auseinandersetzten. Ab Frühjahr 1976 wurde die Proliferation vielmehr ein Thema des Wahlkampfes um die Präsidentschaft der USA. Der damalige US-Präsident, Gerald R. Ford, und sein Konkurrent, Jimmy Carter, erklärten Reaktor-Pu für prinzipiell waffentauglich und äußerten die Befürchtung, daß eine Weiterverbreitung der Technologie der Wiederaufarbeitung und Schneller Brüter die Proliferation fördere. So war schließlich, nach mehrjährigen Bemühungen insbesondere von seiten politisch engagierter Wissenschaftler, die Erkenntnis der Waffentauglichkeit des Reaktor-Pu in der Politik der USA umgesetzt worden.

Eine wichtige Rolle in der nun folgenden US-amerikanischen Nonproliferationspolitik spielte der am 21. März 1977 veröffentlichte sogenannte Ford/Mitre-Report (Keeny 1977), der auch Grundlage der Erklärung des damals neugewählten US-Präsidenten Jimmy Carter zur amerikanischen Nuklearpolitik vom 7. April 1977 war. In dieser Erklärung verkündete Carter den einstweiligen Verzicht der USA auf kommerzielle Entwicklung von Brütern und Wiederaufarbeitungsanlagen, damit das erzeugte Pu nicht in abgetrennter Form gehandhabt würde. Der Ford/Mitre-Report hielt im übrigen den Bau einer Bombe mit einer Sprengkraft von einigen 100 t TNT durch eine gutorganisierte und durch einzelne Fachleute unterstützte Gruppe für machbar, ohne daß dabei die Mithilfe tatsächlicher

Waffenexperten vorausgesetzt wäre. Hinsichtlich einer kleinen Gruppe oder gar Einzelpersonen sah der Bericht allerdings das Erreichen einer solchen Sprengkraft für unwahrscheinlich an.

Auch das Office of Technology Assessment (OTA) des U.S. Department of Commerce legte 1977 eine umfangreiche Proliferations-Studie vor (OTA 1977). Die Studie besagte, daß selbst bei einem veralteten Waffendesign – entsprechend dem Stand in den USA von 1945 – eine Sprengkraft im kt-TNT-Bereich mit Reaktor-Pu möglich sei. Besonders hervorgehoben wurde die Möglichkeit der Konstruktion zuverlässiger Waffen von militärischem Wert mit Reaktor-Pu.

Ted Greenwood, Harold A. Feiveson und Theodore B. Taylor gaben 1977 ein Buch des Council on Foreign Relations heraus, in dem sie sie angaben, Kriminelle und Terroristen seien in der Lage, mit Reaktor-Pu einfache Bomben mit einer Sprengkraft von mindestens 100 t TNT zu konstruieren (Greenwood 1977).

Selbstverständlich gab es auch Gegenstimmen. Seitens der Atomwirtschaft wurde befürchtet, daß Atomkraftgegner die Argumente aufgreifen könnten (Nelson 1977). Die von den Gegenstimmen vorgetragenen Argumente sind jedoch als wenig überzeugend zu bewerten (Kankeleit 1986).

Im Sommer 1977 wurde den warnenden Stimmen von der Zeitschrift *Nuclear Engineering International* Unterstützung zuteil, als diese einen erfolgreichen Waffentest der USA mit Reaktor-Pu bekanntgab (Nuclear Engineering International 1977).

In Großbritannien wurde im Sommer 1977 eine Anhörung in Zusammenhang mit der geplanten Erweiterung der britischen Wiederaufarbeitungsanlage (WAA) in Windscale durchgeführt – das Windscale Inquiry (14. 6. – 19. 10. / 24. 10. – 4. 11. 1977). In einem zusammenfassenden Bericht der Anhörung für das britische Umweltministerium (Parker 1978) galt die Waffentauglichkeit von Reaktor-Pu als konsensfähig. Uneinigkeit bestand jedoch hinsichtlich der Frage, ob die in Windscale geplante WAA für Leichtwasserreaktor-Brennelemente das Proliferationsrisiko tatsächlich erhöhe. So wurde zum Beispiel argumentiert, Großbritannien sei bereits Kernwaffenstaat und das aus der Magnox-Brennelement-Aufarbeitung gewonnene Pu reiche für die britische Waffenproduktion aus, so daß die neue Anlage keine britische Proliferation bedeuten könne. Außerdem könne durch Auftragsausführung für ausländische Interessenten deren Bau eigener Anlagen verhindert werden.

In eben dem Maße, wie sich insbesondere in den USA ins Bewußtsein drängte, wie wenig «denaturierend» das längere Verbleiben von Brennelementen in Leistungsreaktoren auf das erzeugte Pu wirkt, wurden auch – insbesondere seitens der Atomwirtschaft und ihr nahestehender Wissenschaftler – neue Möglichkeiten künstlicher «Denaturierung» vorgeschlagen. Sämtliche vorgeschlagenen Konzepte sind jedoch als unzureichend zu bewerten, da sie die Verarbeitung des Pu in Brennelement-Fabriken erschweren bzw. unmöglich machen würden sowie teils auch eine Entwicklung neuer Reaktoren erfordern würden (Kankeleit 1986). Das in der Bundesrepublik Deutschland derzeit gehandhabte Pu hat mit den häufig diskutierten «denaturierten» Gemischen nicht das geringste zu tun, sondern ist als waffentaugliches Material einzustufen.

Waffentauglichkeit von Reaktor-Plutonium

Die Diskussion in der Bundesrepublik Deutschland

Beispielhafte Äußerungen verschiedener Seiten sollen die Diskussion in der Bundesrepublik darstellen. Eine besondere Bedeutung kommt hierbei der Berichterstattung in der Zeitschrift *Atomwirtschaft/Atomtechnik* (atw) zu, die mit ihren sowohl technischen als auch politischen Informationen nicht unerheblich zur Meinungsbildung beiträgt. Sie ist im übrigen das offizielle Fachblatt der Kerntechnischen Gesellschaft e. V. Die Berichterstattung der *atw* wird deshalb im folgenden nicht beispielhaft, sondern in ihrem wesentlichen Umfang diskutiert.

Im Jahre 1975 publizierte die *atw* einen Beitrag des damaligen Alkem-Geschäftsführers Wolfgang Stoll zum «Pu-Problem» (Stoll 1975). Hinsichtlich der Waffentauglichkeit von Reaktor-Pu beschränkte Stoll die Erörterung des Pu-Problems auf den knappen Hinweis, daß die Fertigung einer Kernwaffe mit Reaktor-Pu schwierig sei. Weitere Zitatstellen werden im übrigen zeigen, daß Stoll stets einer möglichen Einschränkung der Pu-Wirtschaft gegensteuerte. Auf der Reaktortagung 1976 machte Gerhard Locke von der Fraunhofer-Gesellschaft auf die Waffentauglichkeit von Reaktor-Pu aufmerksam; sein Vortrag wurde kurz im Rahmen eines Tagungsberichts in der *atw* erwähnt (Karwat 1976). Ebenfalls erwähnt wurden aber auch Lockes – unzureichende – Vorschläge hinsichtlich einer Denaturierung.

Erst 1977, nach der spektakulären Entscheidung Präsident Carters, in den USA die kommerzielle Brüterentwicklung und Wiederaufarbeitung zu stoppen, widmete die *atw* der Proliferation nennenswerten Raum. Die deutsche Atomwirtschaft sah sich nun in der Defensive: Damals strebte sie den Export von Technologien – insbesondere nach Brasilien – an, die proliferationsträchtig sind. Tendenzen der US-Nuklearexport-Politik wurden in der *atw* wiederholt kritisch bewertet (zum Beispiel Müller 1977, Patermann 1977 a/b).

J. Scharioth vom Battelle-Institut untersuchte 1977 in der *atw* die «Nuklearkontroverse aus gesellschaftlicher und psychologischer Sicht» (Scharioth 1977) – allerdings ohne die Proliferation auch nur zu erwähnen! Karl Wirtz vom Kernforschungszentrum Karlsruhe (KfK) berichtete über die ANS-ENS-Konferenz vom 5.–19. 11. 1976 in Washington (Wirtz 1977) und bezeichnete die Proliferation als «Thema Nr. 1» dieser Tagung. Dabei schilderte er Situation und Diskussion in den USA – ebenfalls ohne auf das Problem der Waffentauglichkeit von Reaktor-Pu einzugehen.

Anstatt die Gefahren des Umgangs mit Pu in abgetrennter

Form und die Möglichkeiten für den Waffenbau aufzuzeigen, wurde in der *atw* beim Stichwort «Nichtverbreitungspolitik» der Verzicht der Bundesrepublik auf eigene Atomwaffen, die Existenz des Nichtverbreitungsvertrags und die Effizienz der internationalen Kontrollen durch Euratom und die internationale Atomenergiebehörde in Wien (IAEA) hervorgehoben – z. B. in Beiträgen von Hans-Hilger Haunschild, Staatssekretär im BMFT (Haunschild 1977) und von Bundeswirtschaftsminister Hans Friderichs (Friderichs 1977). Heinrich Mandel, damals Präsident des Deutschen Atomforums, erklärte, der Export von nuklearem Know-how sei gerade eine proliferationsmindernde Maßnahme, denn jedes andere Vorgehen müsse dazu führen, daß solche Länder sich diskriminiert fühlten und auf eigene Faust und hinter verschlossenen Türen dem Weltfrieden abträgliche Entwicklungen betrieben (Mandel 1977).

Lediglich G. Hildenbrand (KWU) wies einmal darauf hin, daß auch Reaktor-Pu mit 20–30 Prozent Pu-240 für die Herstellung von Kernsprengkörpern in Frage komme, die Wirksamkeit jedoch von der Güte der Schießtechnik abhänge (Hildenbrand 1977). Zusammenfassend stellte Hildenbrand allerdings fest, daß die Proliferation kerntechnischer Kenntnisse bereits irreversibel stattgefunden habe und es notwendig sei, anstelle des vergeblichen Versuchs, den Gang der Dinge zurückzudrehen, wirksame Nichtverbreitungsmaßnahmen unter Einschluß politischer Überzeugungskraft zu ergreifen. Auch im überwiegenden Teil anderer *atw*-Beiträge zur Weiterverbreitungsproblematik findet sich die Sprachregelung, die Verhinderung der Proliferation sei ein politisches und kein technisches Problem. Bereits 1978 war die Diskussion von Nichtverbreitungsproblemen in der *atw* wieder stark rückläufig; das in den USA am 10. März 1978 in Kraft getretene Exportkontrollgesetz wurde noch als «Irrweg zur Nichtverbreitung» angegriffen, der «das Vertrauen in die USA als zuverlässigen Handelspartner schwer erschüttert» habe (Müller 1978).

Bemühungen der Regierung Carter, das für die USA beschlossene Moratorium für die Wiederaufarbeitung des im zivilen Sektor eingesetzten Kernbrennstoffs international durchzusetzen, blieben erfolglos. Sie endeten mit dem Kompromiß, eine internationale Bewertung des Brennstoffkreislaufs (INFCE) durchzuführen, mit dem Ziel, möglichst proliferationssichere Kreisläufe zu entwickeln. Der Sinn einer solchen Bewertung wurde in der *atw* 1979 angezweifelt (Levi 1979): «Es ist daher äußerst zweifelhaft, ob der Versuch, durch die Wahl von Brennstoffzyklen das Proliferationsrisiko zu beeinflussen, nicht einfach am Kern der Sache, der ein politischer ist, vorbeigeht.»

Ergebnisse von INFCE stellte die *atw* 1980 und 1981 mehrfach vor (Hossner 1980, Patermann 1980/1981, Popp 1980, Roth-Seefrid 1980). Es hieß z. B., daß eigentlich nichts bei INFCE herausgekommen sei, was man nicht schon vorher gewußt habe, nämlich daß allen Brennstoffkreisläufen ein gewisses Proliferationspotential innewohne, dessen Kontrollierbarkeit jedoch nach Meinung der internationalen Fachleute gesichert erscheine. Die Sorge sei besonders in den USA gewachsen, dem Land, das der Weiterverbreitung der Kernenergie als erstes den Weg geöffnet habe. Dabei sei nicht überall und immer ganz deutlich, ob diese Sorge nicht auch vom Konkurrenzdenken mit beeinflußt würde.

Vertreter des Bundesministeriums für Forschung und Technologie gaben als die wesentlichen Ergebnisse von INFCE an, die Proliferation sei ein politisches und kein technisches Problem, es gäbe keinen Brennstoffkreislauf, welcher absolut resistent gegen Mißbrauch sei, Kontroll- und Sicherungsverfahren seien weiterzuentwickeln und ebenfalls die Aspekte Versorgungssicherheit, Umweltschutz und Wirtschaftlichkeit mit zu betrachten. Und als ganz besonders wichtige Ergebnisse hoben sie hervor, daß die Atomenergie weltweit verfügbar gemacht werden könne und auch große Brüter oder Wiederaufarbeitungsanlagen durchaus kontrollierbar seien (Popp 1980).

1981 beschäftigte sich der stellvertretende Generaldirektor der IAEA, H. Grümm, in der *atw* mit möglicher Proliferation (Grümm 1981). Auch bei ihm kein Wort über Möglichkeiten des Bombenbaus mit Reaktor-Pu. Statt dessen behauptete Grümm, die «eingebildete Gefahr der Kernkraftwerke» habe die Aufmerksamkeit von der «millionenfach größeren wirklichen Gefahr der Atomwaffen abgelenkt», und in diesem Sinne trage «die Kernkraftwerks-Hysterie zum Fortbestehen eines unermeßlichen Gefahrenpotentials von 40000 bis 50000 Kernsprengkörpern in den Arsenalen der Großmächte bei».

Der Angriff israelischer Flugzeuge auf den Forschungsreaktor Osirak im Irak am 7. Juni 1981 war der *atw* noch einmal eine kurze Erwähnung des Proliferationsproblems wert (*atw* 1981).

Soweit zur Berichterstattung in der *atw*. Der Überblick zeigt, daß in diesem wichtigen Organ das Problem der Proliferation nahezu durchgängig auf die Formel gebracht wird, es handele sich nicht um ein technisches, sondern um ein politisches Problem, und das Problem der Waffentauglichkeit von Reaktor-Pu tunlichst ignoriert wurde. Statt dessen wurde die Effizienz der internationalen Kontrollen beständig hervorgehoben.

Weniger verbreitet als die *atw* ist die deutsche Fachzeitschrift *Atomkernenergie-Kerntechnik*. In ihr kam 1976 eine etwas tiefgründigere Diskussion der Waffentauglichkeit von Reaktor-Pu auf. Diese Diskussion wurde dort zwischen dem türkischen Ingenieur Sümer Sahin, der als Dozent in der Schweiz tätig war, und Carl M. Fleck, Professor am Atominstitut der österreichischen Universitäten in Wien, geführt (Sahin 1976 a/b, Fleck 1976 a/b). Sie hatte qualitativ zuverlässigkeitsmindernde Aspekte von Reaktor-Pu in Atomwaffen zum Inhalt. Quantitative Überlegungen Sahins hinsichtlich einer möglichen Sprengkraft wurden dagegen nicht von der Zeitschrift *Atomkernenergie-Kerntechnik*, sondern von der Zeitschrift *Annals of Nucelar Energy* 1978 veröffentlicht (Sahin 1978); die Sprengkraft mit Reaktor-Pu sollte nur begrenzt gegenüber Waffen-Pu reduziert sein. Im Jahre 1980 stellte Sahin dann in der *Atomkernenergie-Kerntechnik* verbesserte Berechnungen vor (Sahin 1980a), die allerdings ausführlicher in der Zeitschrift *Nuclear Technology* (Sahin 1980b) nachzulesen waren, wo Sahin erklärte, mit einem Anteil von 15 Prozent Pu-240 könne bei ausgeklügelter Technik eine Sprengkraft von 1 kt TNT erreicht werden, bei 25 Prozent Pu-240 bleibe die Sprengkraft praktisch immer unterhalb des 100-t-TNT-Bereichs.

Die Gesellschaft für Reaktorsicherheit (GRS) bezeichnete Reaktor-Pu im Bericht «Plutonium» (Müller-Christiansen 1979) vom April 1979 als «zum Waffenbau verwendbar», die Herstellung eines Sprengsatzes sei gegenüber Waffen-Pu weit schwieriger, aber grundsätzlich möglich. Die notwendige Komprimierungsgeschwindigkeit des Spaltstoffs setzten die Autoren der GRS bei Reaktor-Pu mit einigen 10 km/s an und hielten in «Heimarbeit» nur 100 m/s für erreichbar, womit allerdings noch eine Sprengkraft von 20 t TNT-Äquivalent erreicht werden könne. Auf die Problematik der Komprimierungsgeschwindigkeit gehen wir weiter unten näher ein.

Selbst unter Atomkraftgegnern wurde das Proliferationsproblem des Reaktor-Pu lange Zeit nicht wahrgenommen. Relativ früh zwar, aber dennoch erst im September 1977, schrieb der Bundesverband Bürgerinitiativen Umweltschutz e. V. (BBU) in seiner Broschüre «Plutonium» (BBU 1977): «Es gilt heute als sicher, daß man aus Plutonium, das in Atomkraftwerken entsteht, Atombomben bauen kann.» Dagegen wurde beispielsweise noch 1980 in dem von Atomkritikern verfaßten Taschenbuch «Reaktoren und Raketen – Atomare Gefahren und Bürgerproteste» (Grumbach 1980) die Waffentauglichkeit des Reaktor-Pu abgestritten.

Den frühesten Zeitpunkt, zu dem – in kritischen Kreisen – in der Bundesrepublik von einer Diskussion möglicher Waffentauglichkeit des Reaktor-Pu auf breiterer Basis gesprochen werden kann, stellt das «Gorleben-Hearing» (28. 3. – 3. 4. 1979) dar. Auf dieser Anhörung wurde von über 60 Experten die grundsätzliche sicherheitstechnische Realisierbarkeit des damals bei Gorleben geplanten «Nuklearen Entsorgungszentrums» diskutiert. Einen Überblick über das Hearing und den Report bot das bei Fischer Alternativ im Juli 1979 erschienene Taschenbuch «Der Gorleben-Report» (Hatzfeldt 1979). Die Waffentauglichkeit von Reaktor-Pu war auf dem Hearing aber von Vertretern der Atomwirtschaft und ihr nahestehender Wissenschaftler nicht akzeptiert. So meinte beispielsweise Alkem-Geschäftsführer Wolfgang Stoll in vorgelegten Papieren, Reaktor-Pu sei für Bomben «höchst ungeeignet», «in seiner Wirkung äußerst unberechenbar», und «nur sehr hohe Vereinigungsgeschwindigkeiten» würden die sonst «sehr wahrscheinliche Unwirksamkeit» einer Nuklearsprengladung aus Reaktor-Pu durch Frühzündung unterlaufen. Anderslautende Aussagen amerikanischer Wissenschaftler zweifelte Stoll an und stellte sie als bloße politische Zweckbehauptungen hin (Stoll 1979).

Infolge der durch die rot-grüne Koalition in Hessen ausgelösten Diskussion um die Hanauer Betriebe wurde 1984 im Hessischen Landtag ein Hearing veranstaltet, das die Proliferationsrisiken der Hanauer Firmen Nukem und Alkem beleuchten sollte (Hessischer Landtag 1984). Auch dort verteidigte Alkem-Geschäftsführer Stoll seine Vorstellungen hinsichtlich der Proliferationsproblematik: «Die friedliche Nutzung von Leichtwasser-Plutonium hat mit der Nuklearwaffe nun wirklich nichts zu tun.» Ein anderer Referent des Hearings, Professor Kummerer vom KfK, hielt Reaktor-Pu immerhin schon für «im Prinzip waffenfähig». Er wies allerdings auf einige Hindernisse hin, die bewirken sollten, daß es «verdammt schwerfallen wird», eine brauchbare Waffe zu bauen. Ministerialrat Hagen vertrat auf dem Wiesbadener Hearing das Bundesministerium für Forschung und Technologie und führte aus: «Wir haben als Bundesregierung ganz bewußt und in Übereinstimmung mit den vertraglich eingegangenen internationalen Verpflichtungen in unseren Forschungsarbeiten, die wir zum Beispiel bei der Entwicklung der friedlichen Nutzung der Kernenergie in der Bundesrepublik durchgeführt haben, darauf verzichtet, die Waffengrädigkeit und die Qualität hinsichtlich der Waffenherstellung solcher Materialien zu überprüfen oder gar Arbeiten in der Richtung durchführen zu lassen ... Was Detailkenntnisse, was insbesondere die gezielte Herstellung eines effektiven und in seiner Wirksamkeit kalkulierbaren Kernsprengsatzes angeht, diese Kenntnis haben wir nicht, und wir wollen sie nicht haben.» Dies wurde von Professor Karl Kaiser, Direktor des Forschungsinstituts der deutschen Gesellschaft für Auswärtige Politik in Bonn, unterstrichen. Bemerkenswert ist in diesem Zusammenhang, daß zwar nicht mit großem Aufwand, aber seit Ende der sechziger Jahre beständig Wissenschaftler der Fraunhofer-Gesellschaft – Institut für Naturwissenschaftlich-Technische Trendanalysen – an der theoretischen Behandlung der Funktionsweise von Kernwaffen arbeiten (Locke 1974/1982, Leuthäuser 1975). Sie berufen sich dabei auf einen Auftrag des Bundesministers für Verteidigung. Im Rahmen dieser Arbeiten wurde auch die Waffentauglichkeit des Reaktor-Pu behauptet (Locke 1976). Das Vorwort einer Arbeit von 1982 (Locke 1982) weist darauf hin, daß in Zukunft auch «Entwicklungen in Richtung auf eine Miniaturisierung und größere Effizienz der Kernspaltungswaffen» untersucht werden sollten.

Die Elektrizitätswirtschaft selbst blieb in der Bundesrepublik von jeglichen Bedenken im Hinblick auf die Etablierung einer Pu-Wirtschaft unberührt. Mit Broschüren versuchte die Informationszentrale der Elektrizitätswirtschaft e. V. z. B. 1975 «durch Information Begriffe zu klären, Sorgen zu beseitigen und Verständnis zu wecken» (Grupe 1975): «Für die Verwendung in Kernwaffen ist nur Pu-239 geeignet. Bei den für einen wirtschaftlichen Reaktorbetrieb erforderlichen langen Einsatzzeiten der Brennelemente im Reaktor (ein Jahr und länger) entstehen nun solche großen Mengen der nichtspaltbaren Isotope Pu-240 und Pu-242, daß eine waffentechnische Verwendung dieses ‹Reaktorplutoniums› unmöglich ist.»

Offensichtlich hatten die Autoren übersehen, daß Pu-240 und Pu-242 in Waffen durchaus spaltbar ist; Schwierigkeiten bereiten diese Isotope aus anderen Gründen. Selbst in einer neueren Auflage dieser Informationsschrift vom August 1984 ist der oben zitierte Passus beibehalten worden. Lediglich der zweite zitierte Satz änderte sich insofern, als «unmöglich» durch «ungeeignet» ersetzt wurde. Nebenbei sei bemerkt, daß diese «Informationsschriften» in den Verzeichnissen der wissenschaftlichen Veröffentlichungen des Kernforschungszentrums Karlsruhe aufgeführt wurden und die Autoren Mitarbeiter dieses Zentrums waren.

Es ist als Fazit festzuhalten:

– In der Bundesrepublik fand eine Diskussion der Waffentauglichkeit von Reaktor-Pu in Forschungsberichten, auf Tagungen oder auch in Fachzeitschriften unter Wissenschaftlern gegenüber den USA erst um Jahre später statt.
– Das Thema wurde meist heruntergespielt und unter Hinweis auf den Atomwaffensperrvertrag und die internationalen Kontrollen auf die politische Ebene geschoben.
– In den USA verstrichen einige Jahre, bevor eine solche Diskussion die Regierungsebene erreicht und dort zu entsprechenden Konsequenzen geführt hat.
– In der Bundesrepublik hat diese kritische Diskussion die Regierung nicht erreicht.

Die Funktionsweise eines Plutonium-Sprengsatzes

Die Energiefreisetzung in einer Atomwaffe geschieht durch Kernspaltungen in einer Kettenreaktion. Zur Aufrechterhaltung einer Kettenreaktion müssen durch Spaltung freigesetzte Neutronen erneut Atomkerne spalten. Sie dürfen den Spaltstoff also nicht verlassen, ohne einen Atomkern zu «treffen». Dazu muß eine hinreichend große Menge an Spaltstoff vorliegen, die von der geometrischen Anordnung dieses Spaltstoffs und von dessen Dichte spaltbarer Atomkerne abhängt. So kann eine flach ausgebreitete Spaltstoffmenge oder eine Spaltstoff-Hohlkugel unterkritisch sein, während dieselbe Menge als Vollkugel angeordnet eine Kettenreaktion bewirken würde. In Atomwaffen hat ebenfalls die Verdichtung des Pu-Metalls Bedeutung, da die auftretenden enormen Drücke (im Bereich einiger Millionen bar) die Metalldichte mehr als verdoppeln. Die Verdopplung der Dichte der spaltbaren Atomkerne bewirkt aber die Reduzierung der für eine Kettenreaktion (Kritikalität) erforderlichen Masse auf ein Viertel. Auf diese Weise ist es möglich, auch mit einer Spaltstoffmenge, die zunächst sicher «unkritisch» erscheint (zum Beispiel vier Kilogramm Pu), eine Atomwaffe zu konstruieren. Die ersten beiden Atombomben, ein Test im Juli 1945 in der Wüste von New Mexico und die Nagasaki-Bombe waren vom Typ der «Implosionsmethode». Allein auf diesen Typ soll hier eingegangen werden.

Bei der Implosionsmethode wird eine Hohlkugel aus spaltbarem Material durch Zündung eines die Hohlkugel umhüllenden Sprengstoffs zusammengedrückt, so daß eine «kritische (geometrische) Anordnung» entsteht. Die besondere Schwierigkeit der Implosionsmethode besteht darin, daß die Hohlkugel beim Zusammendrücken eine kugelförmige Gestalt behalten muß. Der die Hohlkugel umgebende Sprengstoff wird jedoch nur an bestimmten Punkten seiner Oberfläche gezündet, so daß von jedem Zündpunkt eine Druckwelle ausgeht, die an bestimmten Stellen der Pu-Hohlkugel früher eintrifft als an anderen. Die Folge ist eine unerwünschte Deformierung der Kugelgestalt. Die Implosionsmethode erfordert deshalb die Beherrschung der sogenannten Sprenglinsentechnik, bei der die Druckwelle so gelenkt wird, daß sie den Spaltstoff an allen Punkten seiner Oberfläche gleichzeitig erreicht. Diese ab 1943 für den Atomwaffenbau neu entwickelte Technik wird – ihrem Grundgedanken nach – heute auch im zivilen Sektor angewendet.

Reaktor-Plutonium und Waffen-Plutonium

Das wichtigste Problem bei der Verwendung von Reaktor-Pu für Waffenzwecke ist das Problem der Frühzündung. Die Frühzündung bedeutet eine vorzeitig einsetzende Kettenreaktion im Spaltstoff nach Zündung des ihn umgebenden Sprengstoffs. Wie kommt es zur Frühzündung? Beim Zusammendrücken des

Spaltstoffs zur kritischen Anordnung kann, sobald die kritische Anordnung erreicht ist, die Kettenreaktion durch das Auftreffen eines Neutrons eingeleitet werden. Die Folge der Kettenreaktion wäre (insbesondere nach Überschreitung der sogenannten Bethe-Tait-Energiedichte) eine schnelle Expansion des Spaltstoffs aufgrund der bei den Spaltungen freigesetzten Energie und damit ein Abbrechen der Kettenreaktion. Die in einem solchen Fall gespaltene Menge an Pu und damit auch die freigesetzte Energie wäre gering. Deshalb muß in Atomwaffen die Kettenreaktion so eingeleitet werden, daß die Expansion erst nach Erreichen der maximalen Kompression erfolgt. Eingeleitet wird die Kettenreaktion im geeigneten Augenblick – bei maximaler Überkritikalität – mit Hilfe eines elektronisch gesteuerten Neutronengenerators. Je größer die Rate der spontan auftretenden Neutronen ist, um mit so höherer Geschwindigkeit muß die Anordnung zusammengedrückt werden, wenn mit hinreichender Sicherheit eine Frühzündung ausgeschlossen werden soll. Eine höhere Neutronenrate kann also durch entsprechend entwickelte Schießtechnik ausgeglichen werden. Bei hinreichend großer Komprimierungsgeschwindigkeit spielt der Neutronenhintergrund schließlich überhaupt keine Rolle mehr.

Natürlich kann – weder bei Waffen- noch bei Reaktor-Pu – eine vorzeitige Kettenreaktion durch ein zufälliges Neutron ausgeschlossen werden. Die Zeitspanne, innerhalb derer noch keine Kettenreaktion eingeleitet wurde, ist eine Frage der Wahrscheinlichkeit. Je länger diese Zeitspanne ist, um so größer ist auch die Zeitspanne, in der nach Einleitung der Kritikalität der Spaltstoff expandieren kann, ohne daß die Anordnung unterkritisch wird. Da innerhalb dieser Zeitspanne Energie freigesetzt wird, existiert auch hinsichtlich der insgesamt freigesetzten Energie eine Wahrscheinlichkeitsverteilung, auf die wir später zurückkommen werden. In der überaus wichtigen Eigenschaft der Rate spontan auftretender Neutronen unterscheiden sich aber Reaktor- und Waffen-Pu. Diese Neutronen rühren von der sogenannten Spontanspaltung des Pu her. Liegt das Pu nicht als Metall, sondern als Oxid vor, führt dies zu noch

einmal deutlich höherer Neutronenfreisetzung durch Wechsel-
wirkungen zwischen der Alpha-Strahlung des Pu mit dem Sau-
erstoff der oxidischen Verbindung. In der nachfolgenden
Tabelle ist die Neutronenrate – d. h. die Anzahl der Neutronen,
die spontan in 1 kg des jeweiligen Pu-Isotops in 1 Sekunde auf-
treten – für die einzelnen Pu-Isotope aufgeführt.

Pu-238	Pu-239	Pu-240	Pu-241	Pu-242
3,4 Mio.	30	1,6 Mio.	0	1,7 Mio.

Es zeigt sich, daß in Pu-240 etwa 50000mal so viele Neutronen
in gleicher Zeit freigesetzt werden wie in Pu-239. Wichtiger als
der Vergleich einzelner Isotope ist jedoch der Vergleich von
tatsächlichem Waffen-Pu, welches ja auch kein reines Pu-239
ist, mit Reaktor-Pu.

Gemessen an einem Pu mit 7 Prozent Pu-240 – das gerade
noch als Waffen-Pu gilt – wäre die Neutronenrate von Reaktor-
Pu mit einem heute (noch) üblichen mittleren Abbrand von
etwa 33000 MWd/t etwa 4mal so groß, bei 45000 MWd/t etwa
5mal so groß. Nach dreimaliger Rückführung des Pu als Ersatz
für einen Teil des Urans in Leichtwasserreaktoren wäre das
Verhältnis lediglich auf etwa 7 angestiegen.[*] Anzumerken ist,
daß in den USA noch vor wenigen Jahren ausschließlich Pu mit
6 Prozent Pu-240 für Waffenzwecke produziert wurde
(Cochran 1987).

Die Folge einer höheren Neutronenrate ist, wie bereits erwähnt, die Notwendigkeit einer aufwendigeren Schießtechnik,
wenn nicht eine schlechte Vorhersagbarkeit der Explosions-
stärke in Kauf genommen werden soll. Man hat also bei Reak-

---

[*] Als Isotopenzusammensetzung wurden hier folgende Werte gewählt (Ein-
heit: Massen-%):

	Pu-238	Pu-239	Pu-240	Pu-241	Pu-242
33000 MWd/t	1,4 %	59,3 %	20,85%	14,2%	4,25%
45000 MWd/t	2,45%	53,75%	22,0 %	15,5%	6,3 %
nach 1. Rückführung	1,7 %	56,0 %	23,6 %	12,3%	6,3 %
nach 2. Rückführung	2,8 %	47,7 %	28,4 %	12,6%	8,5 %
nach 3. Rückführung	3,6 %	43,8 %	29,5 %	12,9%	10,3 %

tor-Pu die Wahl zwischen einer durch umfangreichere Sprengstoffladung etc. schweren und unhandlichen Waffe – die etwa
der Nagasaki-Bombe entspräche –, oder die Sprengkraft könnte
nicht mit der eventuell gewünschten Zuverlässigkeit vorherge-
sagt werden. Es wäre im zweiten Fall nur bekannt, daß eine
gewisse Mindestsprengkraft zu erwarten ist und sowohl die maximal mögliche Sprengkraft als auch alle Zwischenstufen mit
gewissen abschätzbaren Wahrscheinlichkeiten bei Zündung erreicht werden können. Eine solche, in ihrer Wirkung nicht exakt
vorhersagbare Waffe würde anspruchsvolle Militärstrategen
nicht befriedigen; eine terrorristische Gruppe oder sich gerade
entwickelnde Atommächte können sie durchaus anstreben.

Die Wahrscheinlichkeitsverteilung der Sprengkraft sei an
einem Beispiel quantitativ dargestellt: Bei 6,1 kg Pu – der
Menge der Nagasaki-Bombe – eines Abbrands von 300 MWd/t
aus einem Leichtwasserreaktor (ca. 1 Prozent Pu-240) und
einer Komprimierungsgeschwindigkeit von 1 km/s beträgt die
Wahrscheinlichkeit, die maximal mögliche Sprengkraft von ca.
21 kt TNT-Äquivalent zu erreichen, etwa 80 Prozent, bei 8 km/
s etwa 98 Prozent. Für Reaktor-Pu (30000 MWd/t) wäre bei
ebenfalls 6,1 kg Pu die maximal mögliche Sprengkraft auf etwa
8 kt TNT-Äquivalent reduziert. Bei einer Komprimierungsgeschwindigkeit von 8 km/s würde diese Sprengkraft mit mehr als
80 %iger Wahrscheinlichkeit erreicht. Die Mindestsprengkraft
würde sich in diesem Fall auf etwa 3,7 kt TNT-Äquivalent be-
laufen.* Eine solche Sprengkraft – sie entspricht der Detonation von etwa 100 LKW-Ladungen TNT – wäre mit konventio-
nellen Sprengstoffen nicht erreichbar.

---

* 1. Abbrand: 300 MWd/t
  Maximale Sprengkraft: ca. 21 kt TNT-Äquivalent (6,1 kg Pu)

Komprimierungs- geschwindigkeit	Wahrscheinlichkeit für die maximale Sprengkraft
1 km/s	ca. 80 %
2 km/s	ca. 90 %
4 km/s	ca. 96 %[a]
8 km/s	ca. 98 %[b]

Gründe der Kernwaffenstaaten für die Verwendung von Waffen-Plutonium

Es stellt sich die Frage, warum die Kernwaffenstaaten – nach allem, was bisher bekannt ist – kein Reaktor-Pu in ihren Waffen verwenden.

Bei den USA dürften zunächst historische Gründe eine erhebliche Rolle gespielt haben, denn als die kommerzielle Nutzung der Atomenergie in den USA begann, standen bereits genügend Reaktoren zur Produktion von Waffen-Pu zur Verfügung. Durch den höheren Strahlenpegel von Reaktor-Pu würde die Strahlenbelastung des Personals in den Produktionsanlagen, aber auch z. B. beim Transport der Waffen steigen. Eine Kompensation der höheren Strahlenbelastung durch erhöhten Personaldurchsatz ist im militärischen Bereich unerwünscht. Ein weiteres Problem wäre die bei Reaktor-Pu höhere Wärmeentwicklung. Darüberhinaus wirkt Reaktor-Pu mit seiner schlechter vorhersagbaren Energieausbeute und Zerstörungskraft der Zielgenauigkeit der entwickelten Waffen entgegen. Schwerere und voluminösere Sprengsätze sind der angestrebten Miniaturisierung gegenläufig. Es wird daran gearbeitet, über Laser-Isotopen-Trennung die Isotopenzusammensetzung des für Waffenzwecke verwendeten Pu zu verbessern.

---

2. Abbrand: 30 000 MWd/t

Maximale Sprengkraft: ca. 8 kt TNT-Äquivalent (6,1 kg Pu)

Komprimierungs-geschwindigkeit	Wahrscheinlichkeit für die maximale Sprengkraft
1 km/s	ca. 2 %
2 km/s	ca. 20 %
4 km/s	ca. 51 % [c]
8 km/s	ca. 83 % [d]

[a] Mindestsprengkraft ca. 1 kt TNT
[b] Mindestsprengkraft ca. 3 kt TNT
[c] Mindestsprengkraft ca. 1,2 kt TNT
[d] Mindestsprengkraft ca. 3,7 kt TNT

(Kankieleit 1986)

Wenn sich heute ein Staat zum Bau von Atomwaffen auf Pu-Basis entscheidet, findet er ganz andere Bedingungen vor. Falls Leichtwasserreaktoren etabliert sind und eine Anlage für die Aufarbeitung des Brennstoffs existiert, stünde Reaktor-Pu relativ problemlos zur Verfügung. Waffenlabors und Bombendesigns wären den Gegebenheiten anzupassen.

Es darf nicht vergessen werden, daß nicht erst modernste mit Atomsprengköpfen bestückte Trägersysteme nukleare Rüstung bedeuten. Bereits einzelne Atombomben verleihen einem Staat einen gewissen Stellenwert in der internationalen Politik. Für eine terroristische Gruppe wäre die Vorhersagbarkeit der Sprengkraft nicht entscheidend. Es käme vielmehr darauf an, daß eine bedeutende Mindestsprengkraft erhofft werden kann und die Waffe auf einem LKW transportierbar ist. Auch bei Frühzündung könnte eine Stadt zum Beispiel noch radioaktiv verseucht werden.

Probleme des Umgangs mit Reaktor-Plutonium

Staaten oder terroristische Gruppen, die die Herstellung von Atomsprengsätzen mit Reaktor-Pu in Betracht ziehen, werden mit dem Problem radioaktiver Strahlung und Wärmeentwicklung des Pu konfrontiert. Auch nach der Wiederauffindbarkeit vom entwendetem Pu durch dessen Strahlung ist zu fragen.

Die vor allem durch Neutronen verursachte Dosisleistung einer unabgeschirmten 10-kg-Kugel von Reaktor-Pu beträgt in 30 cm Abstand etwa 150 mrem/h. Diese Dosisleistung kann auch eine terroristische Gruppe nicht an der Hantierung des Spaltstoffs hindern, da akute Strahlenschäden vermeidbar sind. In einer staatlichen Anlage kann die Strahlenbelastung des Personals durch Abschirmmaßnahmen ausreichend reduziert werden. Auch im Hinblick auf die konventionelle Sprengstoffladung stellt die Strahlung keine ernsthafte Gefahr dar, denn für viele brisante Sprengstoffe wurde seit den vierziger Jahren eine gute Strahlenresistenz nachgewiesen (siehe Zitate in Kankeleit 1986).

Das Pu-Isotop mit der größten Wärmeentwicklung je Gramm ist Pu-238 (ca. 300fach höhere Wärmeproduktion gegenüber Pu-239), welches in Reaktor-Pu mit einem Isotopenanteil von wenigen Prozent enthalten ist. Eine zu hohe Temperatur kann in einer Pu-Bombe die Sprengstoffschicht zur Detonation bzw. zum Schmelzen bringen. Bei Wahl geeigneter Sprengstoffe und Berücksichtigung des Temperaturproblems beim Bombendesign ist jedoch auch ohne gezielte Kühlung mit keinen Schäden durch Wärmeentwicklung zu rechnen (Kankeleit 1986).

Mittels einer einigermaßen geschickt gewählten Kombination aus verschiedenen Abschirmmaterialien ist es möglich, die Strahlung von Reaktor-Pu an der Außenwand eines Verstecks auf in der Praxis nicht mehr nachweisbare Werte zu reduzieren. Als Abschirmmaterialien kommen dabei insbesondere Beton, Polyäthylen, Paraffin, Cadmium, Blei und Borcarbit in Betracht.

Schlußfolgerungen

Reaktor-Pu ist für den Bau von Atomwaffen geeignet. Waffenexperten in den USA sind der Auffassung, daß technologisch wenig entwickelte Staaten und terroristische Gruppen in der Lage sein müssen, einen Kernsprengsatz mit Reaktor-Pu herzustellen, der von seiner Qualität her der über Nagasaki abgeworfenen Bombe entspricht. Diese Meinung teilen wir aufgrund unserer Studien und Berechnungen anhand der uns zugänglichen Literatur.

Nicht geeignet ist Reaktor-Pu dort, wo kleine und leichte Sprengsätze gewünscht werden und eine zuverlässige Vorhersagbarkeit der Sprengkraft angestrebt ist.

Der weltweite Export von Anlagen zur Abtrennung und Handhabung von Pu oder die Weitergabe entsprechenden Know-hows gefährden den Weltfrieden, da der Umgang mit Pu im großen Maßstab die Abzweigung für den Waffenbau ausreichender Mengen erleichtert.

Literatur

atw: «Hätte Osirak den Weg zu einer irakischen Atombombe verkürzt?», atw, Aug./Sept. 1981, S. 462ff

BBU: Bundesverband Bürgerinitiativen Umweltschutz e. V.: «Plutonium – über die Beratungspraktiken der offiziellen Strahlenschutzkommission», Sept. 1977

Cochran, T. B. et al.: «Nuclear Weapons Data Book», Vol. II, Cambridge 1987

Fleck, C. M.: «Some Remarks to Sahin's Paper», Atomkernenergie-Kerntechnik, Vol. 28 (1976), S. 288

Fleck, C. M.: «Final Remarks to Sahin's Paper and the Respective Preceding Representation», Atomkernenergie-Kerntechnik, Vol. 28 (1976), S. 298

Friderichs, H.: «Aus gesamtstaatlicher Verantwortung gegen Nullwachstum und Kernenergieverzicht», atw Mai 1977, S. 263ff

Gilinsky, V.: «Bombs and Electricity», Environment, Vol. 14, No. 7 (1972), S. 11ff

Greenwood, T. et al.: «Nuclear Proliferation», New York 1977

Grümm, H.: «Safeguards 85», atw, März 1981, S. 207ff

Grumbach, J. (Hg.): «Reaktoren und Raketen», Köln 1980

Grupe, H. et al.: «Fragen und Antworten zur Kernenergie», Informationszentrale der Elektrizitätswirtschaft e. V., Bonn 1975

Hall D. B.: «The Adaptability of Fissile Materials to Nuclear Explosives», in: Leachman, R. B. et al. (Eds.): «Preventing Nuclear Theft: Guidelines for Industry and Government», New York 1972

Hatzfeldt, H., Graf et al. (Hg.): «Der Gorleben-Report», Frankfurt 1979

Haunschild, H.-H.: «Technologietransfer im Bereich der Kernenergie», atw, Febr. 1977, S. 66ff

Hessischer Landtag: 11. Wahlperiode, 6. Sitzung des Ausschusses für Wirtschaft und Technik, 6. Sitzung des Hauptausschusses, 15. Juni 1984, WTA/11/6, HAA/11/6

Hildenbrand, G.: «Kernenergie, Nukleartransporte und Nichtverbreitung von Kernwaffen», atw, Juli/Aug. 1977, S. 374 ff

Hossner, R.: «Neue Ansätze nach INFCE – Kooperation ohne Proliferation ist möglich», atw, April 1980, S. 181

Kankeleit, E., Küppers, C.: «Bericht zur Waffentauglichkeit von Reaktorplutonium», unveröffentlichtes Manuskript, Institut für Kernphysik der TH Darmstadt, Darmstadt 1986

Karwat, H. et al.: «DAtF-KTG-Reaktortagung 1976 in Düsseldorf», atw, Aug. 1976, S. 427 ff

Keeny, S. M. Jr. (Chairman): «Nuclear Power Issues and Choices», Report of the Nuclear Energy Policy Study Group, Ford Foundation/MITRE Corporation, Cambridge 1977

Leuthäuser, K. D.: «Möglichkeiten und Grenzen der Implosion und Kompression von Kernspaltungsmaterial», Fraunhofer-Gesellschaft, Institut für Naturwissenschaftlich-Technische Trendanalysen, INT-Bericht Nr. 72, Stohl 1975

Levi, H. W.: «Zur kerntechnischen Entwicklung in der BRD», atw, Jan. 1979, S. 19 ff

Locke, G. et al.: «Die Wirkungsweise von Kernwaffen», Fraunhofer-Gesellschaft, Institut für Naturwissenschaftlich-Technische Trendanalysen, INT-Beicht Nr. 71, Stohl 1974

Locke, G.: «Möglichkeiten, Reaktorplutonium als Nuklearsprengstoff unbrauchbar zu machen», Reaktortagung 1976, S. 439 ff

Locke, G.: «Aufbau und Funktionsweise von Kernspaltungswaffen», Fraunhofer-Gesellschaft, Institut für Naturwissenschaftlich-Technische Trendanalysen, INT-Bericht Nr. 25, Stohl 1982

Lovins, A. B.: «Nuclear Weapons and Power-Reactor Plutonium», Nature, Vol. 283 (1980), S. 817 ff, Erratum, Vol. 284 (1980), S. 190

Mandel, H.: «Entsorgung und Nonproliferation», atw, Mai 1977, S. 269

Mark, J. C.: «Nuclear Weapons Technology», in: Feld, B. T. et al. (Eds.): «Impact of New Technologies on the Arms Race», Pugwash Monograph, Cambridge 1971

Müller, W. D.: «Das neue amerikanische Verwirrspiel», atw, Mai 1977, S. 261

Müller, W. D.: «Irrweg zur Nichtverbreitung», atw, Mai 1978, S. 209

Müller-Christiansen, K. et al.: «Plutonium», GRS-S-27, April 1979

Nelson, W. E.: «The Homemade Nuclear Bomb Syndrome», Thesis, University of Missouri, Columbia, Aug. 1977

Nuclear Engineering International: «US Exploded Bomb Made From Power Reactor Plutonium», Nuclear Engineering International, Vol. 22 (Oct. 1977), S. 4

OTA: Office of Technology Assessment, US Department of Commerce,

Washington D. C.: «Nuclear Proliferation and Safeguards», Main Report, PB-275843, OTA-E-48, June 1977

Parker, J.: «The Windscale Inquiry», Her Majesty's Stationery Office, London 1978

Patermann, C.: «Grundsätze und Tendenzen des Nuklearexports aus den USA», atw, Febr. 1977, S. 68 ff

Patermann, C.: «Die neue amerikanische Nuklearpolitik», atw, Juli/Aug. 1977, S. 382 ff

Patermann, C. et al.: «Die Behandlung der Proliferation und ihrer Gegenmaß-nahmen in INFCE», atw, Aug./Sept. 1980, S. 449 ff

Patermann, C. et al.: «Die wesentlichen Ergebnisse von INFCE im Hinblick auf die Entwicklungsländer», atw, Febr. 1981, S. 89 ff

Popp, M. et al.: «Die wesentlichen Ergebnisse von INFCE», atw, April 1980, S. ff

Roth-Seefrid, H. et al.: «Uranverbrauch thermischer Reaktorsysteme», atw, März 1980, S. 143 ff

Sahin S.: «The Pu-240 Content of Commercial Produced Plutonium and the Criticality of Fast Assemblies», Atomkernenergie-Kerntechnik, Vol. 27 (1976), S. 288

Sahin, S.: «Answer to Fleck's Remarks to Sahin's Paper», Atomkernenergie-Kerntechnik, Vol. 27 (1976), S. 297 f

Sahin, S. et al.: «Adjoint Weighted Neutron Lifetime in Nuclear Explosives», Atomkernenergie-Kerntechnik, Vol. 36 (1980), S. 141 f

Sahin, S. et al.: «The Effect of Spontanous Fission of Pu-240 on the Energy Release in a Nuclear Explosive», Nuclear Technology, Vol. 50 (1980), S. 88 ff

Scharioth, J.: «Nuklearkontroverse aus gesellschaftlicher und psychologischer Sicht», atw, Juni 1977, S. 338 ff

SIPRI: «Nuclear Proliferation Problems», Stockholm 1974

Stoll, W.: «Gibt es ein Plutonium-Problem?», atw, Sept. 1975, S. 419 ff

Stoll, W.: Deutsches Atomforum e. V.: «Rede – Gegenrede, schriftliche Darle-gungen der Gegenkritiker», Teil 1, Band 6, Papiere von W. Stoll vom 12. 3. 1979 und 2. 4. 1979

Taylor, T. B.: «The need for a Systems Approach to Preventing Theft of Special Nuclear Materials», in: Leachman, R. B. et al. (Eds.): «Preventing Nuclear Theft: Guidelines for Industry and Government», New York 1972

Willrich, M. et al.: «Nuclear Theft: Risks and Safeguards», Cambridge 1974

Wirtz, K.: «Kernenergiepolitik dominiert weltweit», atw, Febr. 1977, S. 72 f

Wohlstetter, A. et al.: «The Military Potential of Nuclear Energy: Moving To-wards Life in a Nuclear Armed Crowd?», Minerva, Vol. 15 (1977), S. 387 ff

6. KLAUS TRAUBE
Wozu Wiederaufarbeitung?

Die Vorgeschichte

Im Jahr 1976 schrieb eine vierte Novelle zum Atomgesetz die Wiederaufarbeitung der abgebrannten Brennelemente vor – soweit nach dem Stand von Wissenschaft und Technik möglich und wirtschaftlich vertretbar (§ 9a AtG). Diese Vorschrift war nicht umstritten. Die Wiederaufarbeitung der Brennelemente hatte seit jeher als selbstverständlich gegolten, weil sie die Voraussetzung war für den späteren Übergang auf Brutreaktoren. Der galt als selbstverständlich, weil Brüter – so hieß es – sechzigmal mehr Energie aus den Uranvorräten gewinnen könnten als die Leichtwasserreaktoren. Ohne den Übergang auf Brüter würden – so lauteten die Prognosen – die Uranvorräte der Welt schon um die Jahrhundertwende zur Neige gehen. Zudem vermindere die Entfernung des Plutoniums in der Wiederaufarbeitung das Risiko der Endlagerung der radioaktiven Abfälle.

Das Motiv der gesetzlichen Festschreibung der Wiederaufarbeitung im Jahr 1976 war also nicht etwa die grundsätzliche Klärung, ob die Brennelemente wiederaufgearbeitet oder «direkt» endgelagert werden sollten. Die Direkte Endlagerung kam erst ins Gespräch, nachdem Präsident Carter 1977 in den USA die Wiederaufarbeitung unterbunden hatte wegen der mit ihr – wegen der Plutoniumgewinnung – verbundenen Gefahr der unkontrollierbaren Verbreitung von Atomwaffen. Das eigentliche Motiv der Gesetzesnovelle war vielmehr, die zögerlichen Atomkraftwerksbetreiber zum Bau einer Wiederaufarbeitungsanlage zu zwingen.

Im Jahr 1977 wurde der Standort *Gorleben* als «Integriertes Entsorgungszentrum» benannt. Im dortigen Salzstock sollte das Endlager für radioaktiven Abfall, daneben die Wiederaufarbeitungsanlage und die Plutonium-Brennelementfabrik entstehen – ein logisches Konzept, weil es risikoreiche Transporte des bei der Wiederaufarbeitung entstehenden radioaktiven Abfalls und Plutoniums vermeidet. Nach damaliger Planung würde die Wiederaufarbeitungsanlage heute – Anfang 1988 – bereits betrieben. Sie könnte etwa dreimal soviel Brennelemente verarbeiten, wie aus den deutschen Atomkraftwerken entladen werden!

Infolge heftiger Proteste einerseits – einer Anhörung, zu der, ein Novum in der Bundesrepublik, atomkritische Wissenschaftler hinzugezogen wurden –, andererseits erklärte Ministerpräsident Albrecht in einer Regierungserklärung am 16. Mai 1979 den Bau der Wiederaufarbeitungsanlage in Gorleben für «politisch nicht durchsetzbar». Gorleben solle aber Standort für das Endlager bleiben. Erstmals sprach Albrecht in der Regierungserklärung auch von der «Entwendung von Plutonium zu terroristischen Zwecken» durch Belegschaftsmitglieder als eines der nicht ausschließbaren Risiken der Wiederaufarbeitung. Er stellte die Frage, ob die Bundesrepublik «das damit gegebene politische Risiko tragen will».

Damit scheiterte das Konzept des «Integrierten Entsorgungszentrums». Die Krise führte zu einem Entsorgungsbeschluß der Regierungschefs von Bund und Ländern vom 11. Oktober 1979. Der Beschluß hält einerseits an der Wiederaufarbeitung fest; sie soll sicherheitstechnisch weiterentwickelt werden, die Kapazität der zu bauenden Anlage soll überdacht werden, neue Standorte sollen benannt werden. Andererseits fordert der Beschluß, «die direkte Endlagerung von abgebrannten Brennelementen ohne Wiederaufarbeitung auf ihre Realisierbarkeit und sicherheitstechnische Bewertung zu untersuchen; diese Untersuchungen werden so zügig durchgeführt, daß ein abschließendes Urteil darüber, ob sich hieraus entscheidende sicherheitsmäßige Vorteile ergeben können, in der Mitte der achtziger Jahre möglich».

Die vergleichende Untersuchung der beiden Alternativen (ohne/mit Wiederaufarbeitung) wurde unter Federführung des

Karlsruher Kernforschungszentrums durchgeführt und im Dezember 1984 als «Systemstudie andere Entsorgungstechniken» vorgelegt (Systemstudie, 1984). Parallel dazu liefen die Vorbereitungen für den Bau einer Wiederaufarbeitungsanlage. Die geplante Kapazität wurde drastisch verkleinert – daher wurde sie als «Demonstrationsanlage» deklariert. Tatsächlich entspricht die geplante Kapazität in etwa dem deutschen Atomkraftwerkspark, dessen weiterer Ausbau mangels Bedarfs längst nicht mehr zur Debatte steht. Die Bundesregierung finanzierte (und finanziert noch) ein massives Programm zur Entwicklung der Technologie der Wiederaufarbeitung sowie der zugehörigen Abfallkonditionierung und Plutonium-Brennelement-Fabrikation. Neue Standorte wurden untersucht, unter denen schließlich Wackersdorf und Dragahn – Gorleben benachbart – als Alternativen ausgewählt wurden.

Aus Bonn wurde unterdessen, insbesondere nach der «Wende», kaum verschlüsselt signalisiert, daß die Wiederaufarbeitungsanlage nicht in Frage stehe; formal mußte freilich das Ergebnis des Systemvergleichs abgewartet werden. Die Haltung der Bonner Regierung versteifte sich eher noch infolge des Beschlusses der SPD (auf dem Essener Parteitag im Mai 1974), die Wiederaufarbeitung abzulehnen. Zwar empfahl selbst K. Messer, zuständiger Prokurist des größten Atomkraftwerksbetreibers, der RWE, *öffentlich* (in der *Atomwirtschaft*) im Sommer 1984 «die Verschiebung der Wiederaufarbeitung um einige Jahrzehnte mit anschließender Entscheidung über die endgültige Behandlung in Abhängigkeit vom dann herrschenden Umfeld auf dem Energiemarkt». Aber die Bundesregierung ließ sich nicht beirren. Nach der Vorlage der Systemstudie im Dezember 1984 machte sie kurzen Prozeß. Am 23. Januar 1985 verkündete sie ihren Beschluß. Darin stand:

«Die Bundesregierung hält die zügige Verwirklichung einer deutschen Wiederaufarbeitungsanlage weiterhin für geboten. Sie sieht keine Anlaß, von dem im Atomgesetz festgelegten

Entsorgungskonzept abzugehen... Die direkte Endlagerung kann aus heutiger Sicht für den Nachweis der Entsorgungsvorsorge für Kernkraftwerke mit Leichtwasserreaktoren nicht in Anspruch genommen werden.»

Aus Sicht der Atomkraftwerksbetreiber liest sich dieser Wortlaut so: Wenn der Bau der Wiederaufarbeitungsanlage nicht umgehend betrieben wird, so steht die (an den periodisch verlängerten Nachweis der Entsorgungsvorsorge gebundene) Genehmigung des weiteren Betriebs der Atomkraftwerke in Frage. Sie reagierten prompt mit einem Beschluß zum Bau der Wiederaufarbeitungsanlage. Zur Wahl stand nur noch der Standort: der niedersächsische in Dragahn (Gorleben) oder der bayerische in Wackersdorf.

Schon vorher war diese Wahl heiß umkämpft. Ministerpräsident Albrecht wollte nun diese – von Regierungssprecher Poser öffentlich (am 13. Juni 1984) mit zehn bis elf Milliarden Mark bezifferte – Investition unbedingt dort haben, wo er sie 1979 als «politisch nicht durchsetzbar» erklärt hatte. Albrecht warf dem bayerischen Ministerpräsidenten in aller Öffentlichkeit vor, die Anlage mittels verdeckter Subventionen nach Wackersdorf zu ziehen.

Man erinnere sich: Damals herrschte eher Ruhe an der Atomfront. Die Proteste waren abgeflaut. Viele Atomkraftwerke waren noch im Bau, aber neue Bauvorhaben waren seit Jahren nicht mehr begonnen worden und waren auch – mit Ausnahme des im hessischen Borken – nicht ernsthaft geplant. Kaum jemand rechnete noch mit einem Protest, wie er dann in Wackersdorf ausbrach und durch die Tschernobyl-Katastrophe noch verstärkt wurde. Der Widerstand hatte Zuwachs bekommen: die SPD. Der örtliche SPD-Landrat nahm seine Möglichkeit als Baubehörde nach Kräften wahr und mußte durch ein spezielles bayerisches Gesetz («Lex Schuirer») entmachtet werden. Selbst die österreichische Bundesregierung und die Salzburger Landesregierung intervenierten.

Mit der Wahl des Standorts Dragahn wäre das ursprüngliche Konzept des «Integrierten Entsorgungszentrums» wiederauferstanden. Aber Niedersachsen galt als politisch unsicher. Der Ausgang der Landtagswahl im Jahr 1976 war offen, die niedersächsische SPD bekämpfte die Wiederaufarbeitungsanlage. Albrecht überstand die Wahl nur mit hauchdünner Mehrheit. Ob ihm der Bau in Dragahn gut bekommen wäre?

Die Begründung

Die Bundesregierung begründete im Beschluß vom 23. Januar 1985 die Feststellung, sie sehe «keinen Anlaß, von dem im Atomgesetz festgelegten Entsorgungsweg abzugehen», unter Bezug auf «das Ergebnis der Bewertung anderer Entsorgungstechniken» lediglich mit zwei Hinweisen:
- aus der direkten Endlagerung ergäben sich keine «entscheidenden sicherheitsmäßigen Vorteile»;
- die direkte Endlagerung erscheine «zwar grundsätzlich technisch realisierbar, bedarf jedoch noch weiterer Forschungs- und Entwicklungsarbeiten».

Damit wurde also die direkte Endlagerung nicht abgelehnt. Sie soll weiterentwickelt werden, ist ja auch keineswegs als unsicher abqualifiziert. Die Zukunft erscheint offen. Freilich nur, wenn man das wirtschaftliche Gewicht einer Investition von an die zehn Milliarden Mark nicht vor Augen hat.

Der Bezug auf «das Ergebnis der Bewertung anderer Entsorgungstechniken» – also auf die Karlruher «Systemstudie» – ist formal korrekt. Es gibt keinen ins Auge fallenden Widerspruch. Aber die Akzente sind anders gesetzt. In der knapp einseitigen Zusammenfassung am Ende der Systemstudie wird ebenfalls die möglichst baldige Realisierung einer Wiederaufarbeitungsanlage empfohlen. Die Begründung lautet dort lediglich:
- es werden «keine entscheidenden sicherheitstechnischen

Unterschiede zwischen den beiden Entsorgungswegen gesehen»,
– die «Wiederaufarbeitung sei mittelfristig energiepolitisch notwendig».

Die sicherheitstechnische Bewertung stimmt in beiden Fällen überein. Da aber beide Alternativen als sicherheitstechnisch gleichwertig qualifiziert werden, bedarf es einer positiven Begründung für die Wiederaufarbeitung. Diese ist bei der Systemstudie klar: die energiepolitische Notwendigkeit. Bei der Bundesregierung erweckt die Formulierung, die direkte Endlagerung bedürfe erst noch weiterer Forschungs- und Entwicklungsarbeiten, den Eindruck, als sei eine Entscheidung für die direkte Endlagerung vorerst nicht möglich. Zwar empfiehlt auch die Systemstudie in der Zusammenfassung, die direkte Endlagerung solle «zur Anwendungsreife entwickelt» werden, aber die Formulierung erweckt hier nicht so sehr den Eindruck, die Sache sei noch nicht entscheidungsreif.

Wir halten fest: der Bau der Wiederaufarbeitungsanlage wird nicht mit Sicherheitsargumenten begründet, sondern von der Bundesregierung eher vage mit einem Entwicklungsdefizit der direkten Endlagerung, in der Systemstudie dagegen mit energiepolitischer Notwendigkeit der Wiederaufarbeitung.

Wir wollen zunächst erkunden, was sich hinter den unterschiedlichen Akzenten verbirgt. Erst danach betrachten wir die Sicherheitsargumente näher.

Das Entwicklungsdefizit

Mit dem kurzen Prozeß zwischen Vorlage der Systemstudie und der Entscheidung zum Bau der Anlage hatte die Bundesregierung die Opposition im Bundestag und Bundesrat überfahren. Erst nachträglich konnte die Opposition eine Anhörung zum Thema «Wiederaufarbeitung und/oder Endlagerung» erwirken. Sie fand am 27. März 1985 vor dem Bundestagsausschuß für Forschung und Technologie statt. Dabei waren nun auch «Gegenexperten» (u. a. der Autor), die so erstmalig offiziell zu den Ergebnissen der Systemstudie Stellung nehmen konnten. Die Presse schenkte der Anhörung wenig Beachtung, das Thema machte keine Schlagzeilen, der Proteststurm hatte noch kaum begonnen.

Die Atomgemeinde brachte das Argument, die direkte Endlagerung sei technisch unreif, mit Verve vor. Einige Kostproben aus den schriftlich eingereichten Stellungnahmen mögen davon einen Eindruck vermitteln (Bundestagsprotokoll, 1985):

«Während die Wiederaufarbeitung auf eine mehr als dreißigjährige internationale Praxis zurückgreifen kann, liegen für die direkte Endlagerung von Brennelementen bisher ausschließlich konzeptionelle Planungen, aber keinerlei Betriebserfahrung vor» (Dr. W. Schüller, Geschäftsführer der Wiederaufarbeitungsanlage Karlsruhe).

«Bei der Wiederaufarbeitung handelt es sich um erprobte Technik, und ihre Kosten können gut kalkuliert werden. Die direkte Endlagerung dagegen ist noch im Konzeptstadium ohne jegliche Erprobung» (Dr. K. Messer, RWE).

«Wir haben bei der Wiederaufarbeitung abgebrannter Brennelemente international gesehen eine Erfahrung von rund fünfunddreißig Jahren ... Bislang ist die direkte Endlagerung weltweit noch nicht erprobt» (Prof. Dr. W. Stoll, Geschäftsführer der Alkem).

Auch in der Systemstudie findet sich im Kapitel «Schlußfolgerungen» die Aussage, «daß auf dem Gebiet der direkten Endlagerung frühestens in fünf bis zehn Jahren ein mit der Wiederaufarbeitung vergleichbarer Stand von Wissenschaft und Technik erreicht werden kann» (Systemstudie, S. 8-2).

Ein Beispiel aus der Öffentlichkeitsarbeit der Atomkraftwerksbetreiber gibt das folgende Zitat aus einem Vortrag des stellvertretenden Vorsitzenden der Bayernwerk AG., J. Holzer, am 24. 6. 1987 in Wackersdorf:

«Die Wackersdorfer Anlage ist heute ... der einzige hinreichend gesicherte Entsorgungspfad, über den wir verfügen. Alternative Entsorgungswege, wie die sogenannte direkte Endlagerung stehen bisher nur auf dem Papier und sind hinsichtlich ihrer praktischen Umsetzung sicher nicht vor Mitte der neunziger Jahre endgültig zu beurteilen. Ohne die WAA würden wir uns mit dem Entsorgungsnachweis für unsere Kernkraftwerke schon in wenigen Jahren schwertun» (zitiert nach: Kraftwerk Union AG, KWU – intern 5/87, S. 8).

Die hier beispielhaft vorgestellte Sprachregelung, nach der die WA mit gesicherter Entsorgung assoziiert und einer nur als Konzept existierenden direkten Endlagerung gegenübergestellt wird, lebt von der zwar gängigen, aber unsachgemäßen Gegenüberstellung von Wiederaufarbeitung und direkter Endlagerung als Alternativen. Tatsächlich ist die Alternative, wie ein Blick auf das Schema in Kapitel 3 lehrt:

– entweder je eine Anlage zur Wiederaufarbeitung der Brennelemente zur Fabrikation von Plutonium-Brennelementen und zur Konditionierung der radioaktiven Abfälle aus der Wiederaufarbeitung für die Endlagerung

– oder eine Anlage zur Konditionierung der Brennelemente für die (direkte) Endlagerung.

Das Endlager – davon geht auch die Systemstudie aus – ist in beiden Fällen das gleiche. Es existiert freilich nirgends auf der Welt. Bis es existiert, müssen oberirdisch gelagert werden:

– entweder die Abfälle aus der Wiederaufarbeitung

– oder die kompletten Brennelemente,

wobei freilich die zwischengelagerten Brennelemente weit weniger Lagerkapazität beanspruchen als die Abfälle im Fall der Wiederaufarbeitung.

Nach dem im Verlauf der Systemstudie entwickelten Konzept hat die Anlage zur Konditionierung der Brennelemente die Funktion, die abgebrannten Brennelemente von einem Behälter – dem Transportbehälter – in einen anderen Behälter – den Endlagerbehälter – umzuladen. Das ist buchstäblich alles. Existiert ein Endlager, so würden anschließend die Brennelemente dort eingelagert. Existiert eine Konditionierungsanlage, aber kein Endlager, so könnte man die Brennelemente dort hinbringen und umladen. Aber was dann? Man könnte sie nicht einmal in die Zwischenlager zurückbringen, ohne sie wieder in die Transportbehälter zurückzuladen.

Weder eine Wiederaufarbeitungsanlage noch eine – Konditionierungsanlage genannte – Brennelement-Umladestation kann die radioaktiven Abfälle aus der belebten Welt schaffen. Das kann allenfalls ein Endlager. Die Frage, ob man sich heute für die (direkte) Endlagerung der Brennelemente entscheiden kann (statt für ihre Wiederaufarbeitung und für die Endlagerung ihrer konditionierten Abfälle), läuft mithin auf die Frage hinaus, ob man sicher sein kann, eine funktionierende Umladestation und funktionstüchtige Endlagerbehälter bereitstellen zu können innerhalb der Zeit, die mindestens noch vergeht bis zur Fertigstellung eines Endlagers.

Stellt man die Frage so, dann ist die Antwort eindeutig: Man kann sich heute gegen die Wiederaufarbeitung entscheiden. Kein Fachmann bezweifelt ernsthaft, daß – der politische Wille vorausgesetzt – rechtzeitig eine funktionsfähige Brennelement-Umladestation errichtet und die zugehörigen Endlagerbehälter angeliefert werden könnten. Rechtzeitig heißt: bis ein Endlager für hochaktive Abfälle aufnahmebereit ist. Die Bundesregierung prognostiziert, daß das Endlager in Gorleben – sofern der Salzstock sich als geeignet erweist – «Anfang des nächsten Jahrtausends... zur Verfügung stehen wird» (Entsorgungsbericht, 1988, S. 55).

Die Systemstudie erläutert schon im Nachsatz zu der oben zitierten Aussage, der «Rückstand von fünf bis zehn Jahren...» sei darauf zurückzuführen, «daß der Bau einer Konditionierungsanlage etwa sieben bis acht Jahre erfordert» (ein Planungsvorlauf von drei Jahren ist hier eingeschlossen). Sie fährt fort:

«Das bei den anderen Entsorgungstechniken vorhandene Entwicklungsdefizit ist jedoch nicht so zu verstehen, daß während dieser Zeit neue Techniken entwickelt werden müßten. In der Konditionierungsanlage kommen Techniken zum Einsatz, die auch in Teilbereichen der Wiederaufarbeitungsanlage (zum Beispiel fernbedientes Verschweißen von Behältern) oder in Kernkraftwerken (zum Beispiel Handhabung schwerer Behälter) Anwendung finden» (Systemstudie, S. 8-2).

Das «Entwicklungsdefizit» der direkten Endlagerung besteht also darin, daß es die Konditionierungsanlage nicht gibt. Da der Bau einer Konditionierungsanlage nicht von einer risikobehafteten Entwicklung neuer Technologien abhängt, bezweifelt auch kein Sachverständiger, daß eine solche Anlage – sofern dies politisch gewollt würde – etwa in dem in der Systemstudie angegebenen Zeitrahmen von sieben bis acht Jahren technisch realisierbar wäre (vgl. Bundestagsprotokoll 1985).

Demgegenüber ist die Wiederaufarbeitungsanlage, die es ebenfalls nicht gibt, *drastisch* komplexer, risikoreicher und kostspieliger. Sie wird aber kurzerhand zum Stand der Technik erklärt, obwohl für sie tatsächlich neue Technologien entwickelt wurden, die zwar in Einzelversuchen getestet, aber im großtechnischen Anlagenmaßstab erstmalig eingesetzt wurden.

Wir können nun das «Entwicklungsdefizit» der direkten Endlagerung streichen aus der Liste der Gründe, die angeblich für den Bau der Wiederaufarbeitungsanlage sprechen. Dürfen wir die oben angeführten Zitate, den suggestiven Gebrauch des Begriffspaares Wiederaufarbeitung/direkte Endlagerung, als Vernebelungstaktik bezeichnen?

Energiepolitische Notwendigkeit

Die Liste der vorgebrachten Gründe ist kurz. Es bleibt die «mittelfristige energiepolitische Notwendigkeit», von der die Systemstudie spricht, die Bundesregierung aber wohlweislich nicht.

Die «energiepolitische Notwendigkeit» der Wiederaufarbeitung wird in der Systemstudie hergeleitet aus Szenarien, die den langfristigen Uranbedarf der Bundesrepublik mit sogenannten «gesicherten und vermuteten Uranreserven» der westlichen Welt vergleichen. Daraus wird der Schluß gezogen, es sei «mittelfristig zur Vermeidung von Engpässen bei der Uranversorgung ein Übergang zu rezyklierenden und später auch zu brütenden Systemen erforderlich... Eine Wiederaufarbeitung abgebrannter Brennelemente ist somit mittelfristig zur Vermeidung einer Ressourcenverknappung notwendig» (Systemstudie, S. 8-6).

Bezeichnenderweise findet sich diese Herleitung und Schlußfolgerung nicht etwa in dem Teil der Systemstudie, der den wirtschaftlichen Aspekten des Systemvergleichs gewidmet ist. Der wurde nämlich vom Energiewirtschaftlichen Institut an der Universität Köln (EWI) verfaßt. Das EWI ist zwar als ein der Elektrizitätswirtschaft «nahestehendes» Institut atomtreu. Es ist aber ebenso wie zumindest etliche der großen Atomkraftwerksbetreiber nicht gerade versessen auf Brüter und Wiederaufarbeitung, zudem auf seine wissenschaftliche Reputation bedacht. Es distanzierte sich zunächst in dem von ihm zu verantwortenden ökonomischen Teil der Systemstudie verhalten, aber deutlich von dem «der Rezyklierung von Plutonium und Resturan zugeschriebenen Einspareffekt» (Systemstudie, S. 6-38).

Der Autor, D. Schmitt vom EWI, wurde später massiv. Anläßlich eines kontrovers besetzten Kolloquiums zur Wiederaufarbeitung in der Evangelischen Akademie Tutzing im Mai 1986 konstatierte er: «Ein aus ökonomischer Sicht überhaupt nicht akzeptables Argument ist der Hinweis auf die stärkere Inanspruchnahme der Uranreserven.» Denn einerseits zeigten die Karlsruher Berechnungen in der Systemstudie, daß selbst bei «frühzeitigem Brütereinsatz sich die Inanspruchnahme der Uranreserven nur unwesentlich günstiger darstellt». Andererseits seien die wirtschaftlich nutzbaren Uranvorräte weit größer als die in der Systemstudie angegebenen Uranreserven (Tutzing 1986, S. 37).

Die Karlsruher Argumentation zur «energiepolitischen Notwendigkeit» bedient sich der gleichen Methode, mit der seit eh und je die «Notwendigkeit» des Brüters «bewiesen» wurde, der in der Systemstudie nur noch bei besagter Herleitung der energiepolitischen Notwendigkeit vorkommt. Daher sei hier zunächst der historische Gebrauch dieser Methode skizziert.

Die Internationale Atomenergiebehörde (IAEO) hat periodisch Prognosen für die im Jahr 2000 weltweit installierte Atomkraftkapazität veröffentlicht, die auf Umfragen bei den Regierungen der Mitgliedsländer beruhten; sie reflektierten mithin die weltweit in die Atomenergie gesetzten Erwartungen und deren Niedergang. So erwartete die deutsche Bundesregierung im ersten Energieprogramm von 1973 bereits für das Jahr 1985 in der Bundesrepublik eine installierte Atomenergiekapazität von 45 bis 50 Gigawatt; tatsächlich betrug sie 1985 etwa 17 Gigawatt. Sie wird selbst im Jahr 2000 nur halb so groß sein, wie seinerzeit bereits für 1985 prognostiziert wurde. Analog zu diesem Trend prognostizierte die IAEO als Atomkraftwerkskapazität, die im Jahr 2000 installiert sein werde, im Jahr 1974: 4450 Gigawatt, im Jahr 1986 nur noch: 505 Gigawatt, ein Neuntel!

Die Erwartungen an den Uranverbrauch korrespondierten naturgemäß mit den Erwartungen an den Ausbau der Kernkraftwerkskapazität. Die Energieagentur der OECD veröffentlicht in Zusammenarbeit mit der IAEO regelmäßig einen «Uranbericht» (Uranium Resources, Production and Demand), der Prognosen zum Ausbau der Kernenergie, darauf fußende für den Uranbedarf sowie Angaben über Uranreserven für die *westliche* Welt enthält. Dieser Bericht prognostizierte im Jahr 1975 einen (kumulierten) Uranbedarf der westlichen Welt bis zum Jahr 2000 zwischen 3,1 und 3,8 Millionen Tonnen (OECD, 1975). Heute ist absehbar, daß er kaum mehr als 0,5 Millionen Tonnen betragen wird.

Die Uranberichte der OECD-IAEO enthalten jeweils Schätzungen der sogenannten «gesicherten und vermuteten» («reasonably assured» and «estimated additional») Uranreserven der westlichen Welt. Diese Schätzungen beruhen auf Auskünften der einzelnen Länder (ohne Ostblock). Sie wurden 1975 mit 3,5 Millionen Tonnen in der Kostenklasse bis 80 Dollar pro Kilogramm beziffert. Eine Schätzung der Uranreserven, deren Förderung mehr als 80 Dollar pro Kilogramm kostet, wurde nicht angestellt. Die Gegenüberstellung von 3,5 Millionen Tonnen «gesicherter und vermuteter Uranreserven» und des gleichzeitig geschätzten Uranbedarfs bis zum Jahr 2000 von 3,1 bis 3,8 Millionen Tonnen vermittelte das Bild einer bereits vor dem Jahr 2000 drohenden Uranverknappung und mithin die Aussicht auf ein baldiges, kräftiges Ansteigen der Uranpreise.

Die in den Uranberichten der OECD-IAEO angegebenen Schätzungen der «gesicherten und vermuteten» Uranreserven der westlichen Welt sind später fortgeschrieben und um die Preisklasse 80–130 Dollar pro Kilogramm erweitert worden, was zu etwa fünf Millionen Tonnen Uranreserven führte. Obwohl diese Werte bestenfalls einen geringen Bruchteil der tatsächlichen, wirtschaftlich nutzbaren Uranreserven darstellen, sind sie lange Zeit nahezu unwidersprochen in der deutschen Literatur zur Begründung der Notwendigkeit des Übergangs zum Brütersystem so herangezogen worden, als handele es sich tatsächlich um die wirtschaftlich nutzbaren Uranvorkommen (vgl. Traube, 1984, S. 82 f).

Diese unausgesprochene Unterstellung unterliegt auch der Behauptung der Systemstudie, die Wiederaufarbeitung sei «mittelfristig zur Vermeidung einer Ressourcenverknappung notwendig». Sie wird hergeleitet aus dem Vergleich von Szenarien des Natururanverbrauchs der Bundesrepublik bis zum Jahr 2030 mit den Werten von 1,4 bzw. 3,2 Millionen Tonnen «gesicherter Uranreserven bis 80 Dollar pro Kilogramm» bzw. «gesicherter und vermuteter Uranreserven bis 130 Dollar pro Kilogramm» aus dem OECD-IAEO-Uranbericht von 1983 (Systemstudie, Kapitel 4.2). Der Vergleich zeigt, daß die Bundesrepublik bis zum Jahr 2030 etwa zwischen 6 bis 15 Prozent dieser gesicherten und vermuteten Uranreserven der Preisklasse bis 130 Dollar pro Kilogramm verbrauchen würde. Daraus wird gefolgert: «Selbst wenn man als Bezugsgröße nicht nur die heute bekannten, sondern zusätzlich noch die vermuteten Uranreserven heranzieht und die Preisklasse bis auf 130 Dollar pro Kilogramm ausdehnt, würden bei einer Entsorgung ohne Wiederaufarbeitung und Recyclierung Uranmengen benötigt, die im OECD-Bereich kaum zur Verfügung stehen werden.» Daher sei «mittelfristig zur Vermeidung von Engpässen bei der Uranversorgung ein Übergang zu recyclierenden und später auch zu brütenden Systemen erforderlich» (Systemstudie, S. 8-6).

Tatsächlich sind diese Vorstellungen über kommende Uranverknappung *vollkommen unrealistisch.* Die OECD-IAEO-Angaben der «gesicherten und vermuteten Uranreserven» entstehen aus der Addition der Meldungen einzelner Länder über den Urangehalt *bereits* weitgehend *vermessener* Lagerstätten, wobei nur sogenannte «konventionelle» Lagerstätten, zudem mit der Einschränkung der Produktionskosten auf den Bereich bis 130 Dollar pro Kilogramm, gezählt werden. Angesichts nur kurzzeitiger Prospektionstätigkeit, die seit langem wegen hoher Überkapazitäten zum Erliegen gekommen ist, dürften diese Angaben nur einen Bruchteil auch der so eingeschränkt definierten Uranreserven erfassen. Zudem gerät infolge der definitorischen Einschränkungen der weitaus größte Teil der langfristig wirtschaftlich nutzbaren Uranreserven gar nicht erst in das Blickfeld. Dies sind einerseits «unkonventionelle» Vorkommen, andererseits konventionelle Reserven der Klasse bis 130 Dollar pro Kilogramm, die noch nicht vermessen sind. Allein die in den OECD-IAEO-Uranberichten auf Grund sporadischer Meldungen weniger Länder genannten bekannten Vorkommen, die wegen der definitorischen Einschränkungen nicht in der Summe der «gesicherten und vermuteten Reserven» berücksichtigt werden, machen ein Vielfaches dieser Summe aus. Dazu nur ein Beispiel: Marokko meldete in dem von der Systemstudie herangezogenen OECD-Uranbericht (von 1983) über sechs Millionen Tonnen «unkonventionelles» Uran, das als Nebenprodukt der Phosphatgewinnung produziert werden könnte, und gibt an, diese Produktion in den neunziger Jahren aufnehmen zu wollen. Das ist allein schon doppelt soviel, wie die Karlsruher Zahlenakrobaten ihrem Zahlenspiel als maximale Uranreserven der westlichen Welt zugrunde legen, mit dem Zusatz, «selbst wenn man als Bezugsgröße nicht nur die heute bekannten, sondern zusätzlich noch die vermuteten Uranreserven heranzieht und die Preisklasse bis auf 130 Dollar pro Kilogramm ausdehnt» – als müßten sie dabei aus der armen Mutter Erde den letzten Tropfen Uran herausquetschen.

Das mag genügen. Eine ausführlichere Darstellung des Sachverhalts habe ich in meiner schriftlichen Stellungnahme zur besagten Anhörung im Bundestag gegeben. Dort wurde resümierend festgestellt, die in der Systemstudie als «Bezugsgrößen» verwendeten Uranreserven seien lediglich «ein kleiner Bruchteil der Uranvorkommen, die beim unterstellten Ausbau der Kernenergie bis zum Jahr 2030 wirtschaftlich nutzbar gemacht werden könnten». Ich habe darauf hingewiesen, daß «hier eine probate Methode praktiziert wurde, gewisse Zahlen aus der OECD/NEA-Uranstatistik (unter Ausnutzung der Assoziationen, die durch die Definitionen ‹bekannte und vermutete› Uranreserven hervorgerufen werden) auch unter langfristigem Zeithorizont ohne Diskussion als *die* nutzbaren Uranvorräte der westlichen Welt zu unterstellen».

Dieser harten, mündlich wiederholten Kritik an der Uranargumentation der «Systemstudie» hat keiner der Herren aus Karlsruhe und der übrigen anwesenden Sachverständigen widersprochen. Vielmehr wurde daraufhin anstelle der Begrenztheit der Welt-Uranvorräte als wirtschaftliches Motiv für die Wiederaufarbeitung lediglich noch der Hinweis auf mögliche Uranversorgungskrisen infolge der Abhängigkeit vom Welturanmarkt vorgebracht (Bundestagsprotokoll, 1985). Das ist ebenfalls ein beliebtes Argument. D. Schmitt (EWI) stellte dazu bei dem erwähnten Tutzinger Kolloquium fest, daß «lediglich die (relativ gering zu veranschlagenden) Kosten verfügbarer ‹Vermeidungsstrategien› (zum Beispiel in Form der Anlage von Uranvorräten) den diesbezüglichen Wert des Recycling» markieren (Tutzing, 1986, S. 37).

Nunmehr dürfte wohl verständlich sein, daß die Bundesregierung in ihrem Beschluß das Karlsruher Argument der «energiepolitischen Notwendigkeit» nicht übernommen hat. Wir können das Argument nun als widerlegt abhaken. Die Liste der Argumente, die zusammenfassend von Bundesregierung und Systemstudie für die Wiederaufarbeitung vorgebracht worden sind, ist schon erschöpft. Wenn die vorgebrachten Argumente derart schwach sind, dann kann es doch wohl keine sonstigen handfesten Argumente für die Wiederaufarbeitung geben.

Wirtschaftlichkeit

Um das auf den ersten Blick so einleuchtend erscheinende Uranspar-Argument als quantitativ bedeutsam darstellen zu können, muß man – wie gezeigt – drastisch manipulieren. Aber ist Ressourcenschonung nicht ein Ziel an sich? An diese Vorstellung appelliert die Brüter- und Wiederaufarbeitungsgemeinde häufig.

Die Attraktivität der Atomenergie liegt ja ausschließlich darin begründet, daß sie im Vergleich zur herkömmlichen, auf fossilen Brennstoffen beruhenden Energieerzeugung vergleichsweise winzige Mengen an (Uran-)Materie benötigt und Uran keineswegs ein seltenes Material ist, sondern in großen Mengen, wenn auch geringen Konzentrationen in der Erdrinde vorkommt. Daher ist «Uransparen» mit dem Sparen fossiler Energieressourcen nicht zu vergleichen. Zudem darf man das einst mit dem Brüter propagierte Uranspar-Ziel nicht verwechseln mit dem Uransparen, das durch die Rückführung des bei der Wiederaufarbeitung gewonnenen Plutoniums in Leichtwasserreaktoren zu erreichen ist. Ein Brütersystem sollte – so hieß es – sechzigmal soviel Energie aus den Uranvorräten erzeugen können wie ein System von Leichtwasserreaktoren. Die Plutoniumrezyklierung in einem Leichtwassersystem kann maximal bis zu 35 Prozent an Uranverbrauch einsparen. Das sind also grundverschiedene Dimensionen.

Wenn Brüter – wie im Kapitel 3 gezeigt – dennoch keine Chance mehr haben, dann liegt das eben an der geringen Bedeutung der (Uran-)Materie bei der Atomstromerzeugung. Das Kostspielige sind dabei die teuren Anlagen. Demgegenüber spielen die Kosten des Energieträgers Uran für die Atomstromerzeugung nur eine sehr untergeordnete Rolle. Bei den derzeitigen Spot-Markt-Preisen für Uran liegt dessen Anteil an den Kosten des Atomstroms bei lediglich zwei bis drei Prozent. Daher rechtfertigt selbst die Möglichkeit künftiger, starker Erhöhungen des Uranpreises Maßnahmen zur Uraneinsparung aus wirtschaftlicher Sicht nur, wenn diese nicht mit so erheblichen Kosten verbunden sind, wie dies bei der Wiederaufarbeitung oder gar beim Ersatz von Leichtwasserreaktoren durch Brüter der Fall wäre.

Der vom EWI durchgeführte Wirtschaftlichkeitsvergleich stellt dementsprechend auch eindeutig fest, daß die Wiederaufarbeitung sich nicht lohnt. D. Schmitt faßte das Ergebnis der EWI-Untersuchungen auf dem Tutzinger Kolloquium so zusammen:

«Die direkte Endlagerung erweist sich als eindeutig kostengünstiger als eine Wiederaufarbeitungsstrategie mit thermischer Plutoniumrezyklierung» (Tutzing 1986, S. 32).

Dieses eindeutige Ergebnis kommt übrigens zustande, obwohl – wie Schmitt selber ausführt – dabei sehr zugunsten der Wiederaufarbeitung gerechnet wurde.

Auf eben diesem Kolloquium beantwortete J. Holzer (Vorstand Bayernwerk) die Frage, warum denn die Elektrizitätswirtschaft sich auf die unwirtschaftliche Wiederaufarbeitung einläßt:

«Welche Wahl hat die Elektrizitätswirtschaft eigentlich angesichts der politischen und rechtlichen Vorgaben der in § 9 a AtG vorgegebenen Reststoffverwertung, also der Wiederaufarbeitung? Die direkte Endlagerung kann heute als Entsorgungsnachweis nicht in Anspruch genommen werden. Eine auch nur zeitweise Stillegung der Kernkraftwerke mangels Entsorgungsnachweises hätte einen Schaden von mehreren Milliarden DM pro Jahr zur Folge. Gemessen daran sind die etwaigen Mehrkosten einer Wiederaufarbeitung ein ‹Klacks›» (Tutzing, 1986, S. 27).

Diese Antwort ist schlüssig. Es gibt ein *juristisches Motiv* für den Bau der Wiederaufarbeitungsanlage. Aber dieses Motiv entfiele, wenn der § 9 a im Atomgesetz und die darauf aufbauenden, von der Bundesregierung erlassenen «Grundsätze zur Entsorgungsvorsorge für Kernkraftwerke» geändert würden. Der Beschluß des Gesetzgebers im Jahre 1976 zur Festschreibung der Wiederaufarbeitung mit dem § 9 a AtG beruhte auf Voraussetzungen, die sich – wie gezeigt – als irrig erwiesen haben. Was hindert die in Bonn regierende Koalition, den § 9 a AtG zu revidieren, wie dies das Land Hessen im Bundesrat – vergeblich – gefordert hat?

Der Kostenvergleich unterstreicht die Dürftigkeit des Uranspar-Arguments. Aus ökonomischer Sicht – Versorgungsgesichtspunkte eingeschlossen – dürfte die Wiederaufarbeitung nicht weiter betrieben werden. Das gilt auch für die Wiederaufarbeitung deutscher Brennelemente im Ausland. Weit wichtiger als dies sind freilich die sicherheitsmäßigen Probleme.

Sicherheitsvergleich: Endlager

Wir hatten eingangs erwähnt, daß lange Zeit gegen die direkte Endlagerung der Brennelemente das Argument vorgebracht wurde, die Entfernung des Plutoniums bei der Wiederaufarbeitung vermindere das Risiko der Endlagerung der radioaktiven Abfälle. Die Systemstudie faßt dagegen das Ergebnis der Untersuchungen wie folgt zusammen:

«Was die Plutoniummengen in einem Endlager mit abgebrannten Brennelementen anbelangt, war ... gezeigt worden, daß die beiden Endlager AE und IE gleich sicher konzipiert werden können» (Systemstudie, S. 8-4).*

Die Systemstudie geht von einem Salzstock als Endlager aus, der im einen Fall die Abfälle aus der Wiederaufarbeitung, im anderen Fall die Endlagerbehälter mit Brennelementen aufnimmt. Zwar gibt es dieses Endlager nicht, aber für einen Vergleich der beiden Alternativen mag die Annahme sinnvoll sein.

Die Systemstudie vergleicht nun zunächst die absolute Gefährlichkeit des eingelagerten radioaktiven Materials im einen und anderen Fall. Sieht man vom Plutonium ab, so sind in beiden Fällen alle Radionuklide vorhanden, die mit den Brennelementen aus den Kernkraftwerken entladen werden. Bei der direkten Endlagerung kommt dazu noch das Plutonium. Es ist klar, daß in diesem Fall mehr gefährlicheres Material vorhanden ist. Die Studie errechnet nun die Gefährlichkeit – die «Radiotoxizität» – in beiden Fällen auf Grund von Bewertungen der Strahlungen der verschiedenen Stoffe, wie sie die Internationale Strahlenschutz-Kommission angibt (ICRP, Grenzwerte für Ingestion von 1980). Sie kommt zu dem Ergebnis, daß «die abgebrannten Brennelemente grundsätzlich eine höhere Radiotoxizität aufweisen als Abfälle aus der Wiederaufarbeitung. Dieser Unterschied ist jedoch nicht sehr stark ausgeprägt» (Systemstudie, S. 4-24).

Nun sind die eingelagerten Radionuklide gefährlich für das Leben auf der Erde erst dann, wenn sie zurück in die Biosphäre gelangen, was durch Transport mit dem Grundwasser möglich wäre. Für einen solchen Fall führt die Studie Modellrechnungen durch nach einer Methode, die im Kapitel 4 dieses Bandes skizziert und kritisiert wird. Dabei stellt sie nun fest, daß bei einem Wassereinbruch im Endlager die Verhältnisse sich umkehren: es gelangen mehr Radionuklide aus dem Endlager an die Oberfläche, wenn darin die Abfälle aus der Wiederaufar-

---

* AE heißt Andere Entsorgung (ohne Wiederaufarbeitung), IE Integrierte Entsorgung (mit Wiederaufarbeitung).

beitung statt der Brennelemente eingelagert sind. Die Methode und damit die Ergebnisse der Berechnung mögen fragwürdig sein; die eigentliche Ursache dieses Ergebnisses erscheint plausibel. Sie kann hier nur stark vereinfachend angedeutet werden:

Die Wärmeentwicklung der hochaktiven Abfälle führt dazu, daß sie nach einiger Zeit fester vom Salz umschlossen werden, dadurch besser vor Wasserzutritt geschützt sind als die schwächer aktiven Abfälle. Letztere fallen aber hauptsächlich bei der Wiederaufarbeitung an.

Auch wenn man das Ergebnis nicht für bare Münze nimmt, so zeigt die Studie doch jedenfalls, daß hinsichtlich des radiologischen Risikos kein entscheidender Unterschied zwischen den beiden Alternativen besteht.

Nun wird neuerdings gegen die direkte Endlagerung von Brennelementen auch vorgebracht, sie sei ein potentielles «Plutoniumbergwerk». Der gleiche Alkem-Geschäftsführer W. Stoll, der bis zuletzt unentwegt die Waffentauglichkeit des Plutoniums aus den Leichtwasserreaktoren bestritten hat (vgl. Zitate im Kapitel 5), schrieb in seiner Stellungnahme zur Anhörung am 27. März 1985 im Bundestag: «Wo Plutonium vorhanden ist, kann es auch entwendet werden. Ein nicht bewachtes Endlager ist ein Plutoniumbergwerk, das zur mißbräuchlichen Verwendung einlädt» (Bundestagsprotokoll, 1985).

Man muß zunächst wissen, daß nach dem im Verlauf der Systemstudie entwickelten Konzept die mit Brennelementen gefüllten Endlagerbehälter gut fünfzig Tonnen wiegen. Allen Ernstes ist unter dem Stichwort «Entwicklungsdefizit» auf der Anhörung im Bundestag vorgebracht worden, derartige Gewichte seien bisher noch nie im Bergbau gefördert worden. Die Endlagerbehälter würden sich in etwa siebenhundert Meter Tiefe in dem nach Ende der Einlagerungsphase wieder verfüllten Salzstock befinden. Jedenfalls müßte man zunächst ein nicht gerade zierliches Bergwerk schaffen, bevor man die Behälter bergen könnte. Heimlich entwenden könnte man sie gewiß nicht. Es kommt nun aber eine entscheidende Erschwerung hinzu: Infolge der Wärmeentwicklung der hochaktiven Brennelemente erwärmt sich der Salzstock und verformt sich plastisch. Die Systemstudie errechnet, daß die Salztemperaturen nach hundert Jahren in der Umgebung der Behälter bei etwa 150 Grad Celsius liegen; nach tausend Jahren liegen sie, nunmehr großräumig, bei 80 Grad Celsius, nach zehntausend Jahren liegen sie im ganzen Endlagerbereich bei 50 Grad Celsius (Systemstudie, Bild 2-26 und 2-28).

Die Systemstudie befaßt sich in einer Sonderstudie ausführlich mit dem «Plutoniumbergwerk». Sie berichtet: «Die Ergebnisse dieser Studie zeigen, daß mit großem technischem Aufwand klimatische Verhältnisse unter Tage geschaffen werden können, die einen Einsatz von Personal möglich erscheinen lassen. Jedoch ruft die Temperaturabsenkung im streckennahen Salz starke Temperaturgradienten hervor, die Risse im Salz erwarten lassen. Ob durch diese Risse die Standfestigkeit des Grubengebäudes beeinträchtigt wird, kann nach heutigem Kenntnisstand nicht entschieden werden... Es läßt sich daher nicht der Nachweis führen, daß eine Rückholbarkeit grundsätzlich ausgeschlossen werden kann. Andererseits wäre der technische Aufwand enorm. Da zudem nach Abschätzung der Studie ohne Planung und Vorbereitung mindestens vier Jahre vergehen, bis die ersten Endlagergebinde nach einer Entscheidung zur Rückholung geborgen werden können, dürfte sich ein derartiges Vorhaben wohl auf keinen Fall heimlich durchführen lassen» (Systemstudie, S. 3-35).

Es ist also sehr unwahrscheinlich, aber nicht völlig auszuschließen, daß der zukünftige Staat, auf dessen Territorium sich das «Plutoniumbergwerk» befindet, *technisch* in der Lage wäre, die Brennelemente daraus zu bergen. Um das Plutonium zu gewinnen, würde er dann eine Wiederaufarbeitungsanlage benötigen. Die Systemstudie kommentiert:

«Wenn diese Anlage schon vorhanden ist, fragt man sich, ob der Staat dann noch den aufwendigen und unter Umständen verhältnismäßig lang dauernden Weg über ein Endlager mit abgebrannten Brennelementen zur Abzweigung von spaltbarem

147

Material wählen wird oder ob es nicht direktere und einfachere Wege dafür gibt» (Systemstudie, S. 7-36).

Die Antwort liegt auf der Hand: wenn der Staat schon das vorausgesetzte kerntechnische Know-how besitzt, so wäre der Bau eines speziell zur Plutoniumerzeugung (nicht zur Elektrizitätserzeugung) geeigneten Reaktors der weniger aufwendige und riskante Weg; er würde zudem hochgradig waffentaugliches Plutonium liefern.

Im übrigen würde auch bei Wiederaufarbeitung – in geringeren Mengen – mit den Transplutonen (im verglasten, hochaktiven Abfall) waffentaugliches Material in das Endlager verbracht.

Sicherheitsvergleich: oberirdische Anlagen

Wir schauen uns abschließend die radiologischen Risiken und die Proliferationsprobleme über Tage an.

Die Systemstudie stellt einen quantitativen Vergleich der «radiologischen Sicherheit» der beiden Alternativen an, der alle Stationen der Kernenergiesysteme einbezieht, das heißt den Bereich der «Versorgung» der Kernkraftwerke, die Kernkraftwerke selbst und den Bereich der «Entsorgung». Unterschiedliche radiologische Belastungen ergeben sich außer im Bereich der Entsorgung auch im Bereich der Versorgung (Uranerzabbau, Aufbereitung, Konversion, Anreicherung, Brennelementherstellung), weil hier im Fall der Wiederaufarbeitung der Uranbedarf um ein Drittel niedriger angesetzt wird.

Auf Grund von Modellrechnungen ermittelt die Systemstudie die aus dem «bestimmungsgemäßen» Betrieb (das heißt unter Ausschluß von Stör- und Unfällen) aller Anlagen resultierende Kollektivdosis (unter Einschluß im Ausland entstehender Belastungen im Bereich Uranversorgung) für die Gesamtbevölkerung und das Betriebspersonal mit folgendem Ergebnis (Systemstudie, Tabellen 5-2 und 5-4):

Die aus der Wiederaufarbeitungsanlage resultierenden Belastungen sind für die Bevölkerung um mehr als den Faktor 1000, für das Betriebspersonal um etwa den Faktor 10 höher als die aus der Brennelement-Konditionierungsanlage resultierenden. *Allein* die aus der Wiederaufarbeitungsanlage resultierende Kollektivdosis für die Gesamtbevölkerung ist höher als die Kollektivdosis, die aus dem *gesamten* Kernenergiesystem (Versorgung, Kernkraftwerke, Entsorgung) im Fall der direkten Endlagerung resultiert. Obendrein nimmt die Systemstudie dabei noch weit geringere Strahlenexpositionen für die Wiederaufarbeitung an, als nach aller bisherigen Erfahrung zu erwarten sind. Dies macht sie selbst deutlich mit dem Hinweis, daß die von ihr für die Gesamtbevölkerung ermittelte «Kollektivdosis der Wiederaufarbeitungsanlage ... um den Faktor 20 bis 70 niedriger ist als die Referenzwerte in älteren Studien» (Systemstudie, S. 5-64). Dies, so kommentiert sie, «unterstreicht den fortschrittlichen Charakter» der Wiederaufarbeitungsanlage, die der Studie zugrunde liegt; diese Anlage ist – auf dem Papier – fortschrittlicher und billiger als die in Wackersdorf geplante. Ob der Kommentar wohl ironisch gemeint ist?

Störfälle in der Wiederaufarbeitungsanlage spielen in den errechneten radiologischen Belastungen keine Rolle. Denn solche Störfälle, die zu einer höheren Kollektivdosis als bei bestimmungsgemäßem Betrieb führen, treten mit einer Wahrscheinlichkeit zwischen einmal in tausend Jahren und einmal in einer Million Jahren auf. Das ist jedenfalls das Ergebnis einer Störfallanalyse (Systemstudie, Bild 5-5). Diese Wiederaufarbeitungsanlage ist wirklich fortschrittlich. Man sollte sie schleunigst anstelle der britischen Anlage in Sellafield bauen, deren sofortige Stillegung das Europäische Parlament in einer Resolution vom 20. Januar 1986 forderte – wegen radioaktiver Verseuchung der irischen See.

Was soll man dazu sagen, wenn selbst dieses superbe Produkt deutscher Ingenieurs-Phantasie immer noch mehr Radioaktivität ausspuckt als das gesamte Kernenergiesystem, welches sie «entsorgt»?

Wäre dieser radiologische Vergleich und der vorangegangene Vergleich der Endlagerung alles, was unter Sicherheitsaspekten zu betrachten ist, dann wäre das Resümee der Systemstudie – «keine entscheidenden sicherheitstechnischen Unterschiede» – zumindest nicht ganz abwegig. Dann würden zwar ökonomische Gründe gegen die Wiederaufarbeitungsanlage sprechen, aber über deren Gewicht kann man streiten.

Soweit sind wir noch nicht. Es fehlt noch der Vergleich der Möglichkeiten zur mißbräuchlichen Entwendung des Plutoniums in den oberirdischen Anlagen. Der abschließende Befund der Systemstudie lautet dazu:

«Sowohl bei der integrierten Entsorgung als auch bei den anderen Entsorgungstechniken ist eine Kernmaterialüberwachung in den obertägigen Anlagen mit den derzeitigen Überwachungs-Methoden und -Instrumenten möglich» (Systemstudie, S. 7-36).

Richtig! Oder auch: Sowohl bei Hertie als auch bei Karstadt ist eine Warenüberwachung mit den derzeitigen Überwachungs-Methoden und -Instrumenten möglich.

Die Antwort ist richtig, aber was war die Frage?

Die Regierungschefs hatten 1979 gefragt, ob sich aus der direkten Endlagerung «entscheidende sicherheitsmäßige Vorteile ergeben können». Die Frage wurde ausgelöst durch die Regierungserklärung des Ministerpräsidenten Albrecht nach der Gorleben-Anhörung. Albrecht hatte darin nicht ausschließbare Risiken der Wiederaufarbeitung festgestellt. Dazu gehörte das Risiko der «Enwendung von Plutonium zu terroristischen Zwecken» durch Belegschaftsmitglieder. Zwei Jahre zuvor hatte Präsident Carter wegen dieses Risikos die Wiederaufarbeitung in den USA untersagt.

Warum stellt die Karlsruher Systemstudie nicht die simple Frage, ob und in welchem Maße trotz der Kernmaterialüberwachung die «Entwendung von Plutonium zu terroristischen Zwecken» möglich sei. Die Antwort auf diese Frage steht in

Karlsruher Berichten – die Katze wäre aus dem Sack. Die Bundesregierung hätte daraufhin am 23. Januar 1985 nicht erklären können:

«Die im Beschluß der Regierungschefs von Bund und Ländern vom September 1979 gestellte Frage, ob sich aus der direkten Endlagerung abgebrannter Brennelemente aus Leichtwasserreaktoren gegenüber der Entsorgung mit Wiederaufarbeitung entscheidende sicherheitsmäßige Vorteile ergeben können, ist zu verneinen.»

Diese Antwort auf die 1979 gestellte Frage ist nicht nur falsch – sie ist gefälscht. Aber in Wackersdorf wird gebaut.

Literatur

Bundestagsprotokoll: Anhörung des Ausschusses für Forschung und Technologie am 27. März 1985

Entsorgungsbericht: Bericht der Bundesregierung zur Entsorgung der Kernkraftwerke und anderer kerntechnischer Einrichtungen vom 13. Januar 1988.

OECD: OECD/NEA-IAEO: Uranium Resources, Production and Demand. Paris, verschiedene Jahrgänge.

Systemstudie: Systemstudie Andere Entsorgungstechnik. Abschlußbericht. Hauptband KWA 2190/1. Kernforschungszentrum Karlsruhe. Dezember 1984.

Traube, K.: Plutoniumwirtschaft? Das Finanzdebakel von Brutreaktor und Wiederaufarbeitung. Reinbek, 1984.

Tutzing: M. Held (Hg.): Wiederaufarbeitungsanlage Wackersdorf. Tutzinger Studien 2/1986.

7. KLAUS TRAUBE
Konsequenzen

Ministerpräsident Albrecht hatte in der Regierungserklärung zur Wiederaufarbeitung die Gefahr der Entwendung von Plutonium zu terroristischen Zwecken als so schwerwiegend angesehen, daß er betonte, die Bundesregierung müsse wissen, «ob sie das damit gegebene politische Risiko tragen wolle». Trägt dieses Risiko nur die Bundesregierung oder auch das «Volk» – die Menschen, müssen die nicht auch wissen, ob sie das Risiko tragen wollen? Sollten sie, die vielberufenen mündigen Bürger, nicht ein Wörtchen mitzureden haben? Haben die verantwortlichen Politiker nicht die Pflicht, die Bürger über die Risiken zu informieren, die mit politischen Entscheidungen verknüpft sind, bevor diese gefällt werden?

Das Credo von der demokratischen Willensbildung durch die mündigen Bürger verlangt ein Ja auf diese Fragen. Die atompolitische Praxis verneint sie; das haben wir in den vorstehenden Beiträgen gezeigt. Ihre Informationspolitik ist geprägt von den desinformierenden Sprachregelungen und Tabus einer Atomgemeinde, die sich aus Staat, Wirtschaft und Wissenschaft rekrutiert.

In der Folge des Bestechungsskandals wurden nicht nur der vagabundierende Atommüll sichtbar, sondern auch die Unsicherheit der «gesicherten Entsorgung» und die potentielle Unfriedlichkeit der «friedlichen Nutzung der Kernenergie». Wie einst Ministerpräsident Albrecht, so hat nun Ministerpräsident Wallmann über die tabuisierte Entwendung von waffenfähigem Spaltmaterial geredet. Schon bald darauf wurde das Risiko der Entwendung von Spaltmaterial mit einem Hagel von Hinweisen auf die internationale Spaltmaterialüberwachung offiziell wieder aus der Welt geschafft.

Ist diese Informationspolitik kein Skandal? Im Zuge der

Vorbereitung der Entscheidung über die Wiederaufarbeitungsanlage haben alle Beteiligten – von den Karlsruher Wissenschaftlern über die Sicherheitsgremien und den Bund/Länderausschuß bis zur Bundesregierung – das Entwendungsrisiko zugedeckt. Zuvor hatte die Atomfachwelt die Waffentauglichkeit des Reaktorplutoniums zugedeckt. Ist das nicht alles ein Skandal?

Alle Welt, insbesondere die Regierenden, reden von schonungsloser, lückenloser Aufklärung des Skandals und fordern Konsequenzen. Aber um welchen Skandal geht es? Geht es nur um Bestechung und Bestechlichkeit und den Inhalt von Fässern, oder muß auch nach den Grundproblemen der Entsorgung gefragt werden? Letzteres wollen die Bonner Regierungsparteien dem Untersuchungsausschuß nicht zugestehen. Die Schonungs- und Lückenlosigkeit sollen Grenzen haben, damit auch die Konsequenzen. Damit zeigt sich bereits wieder die unselige Verquickung von Regierungspolitik und Atominteressen.

Wer die Rede von den Konsequenzen ernst nimmt, müßte bei dieser Verquickung ansetzen. Ein Staat, der mit der Atomwirtschaft unter einer Decke steckt und die von ihr ausgehenden Risiken vor den Bürgern verbirgt, kann kein effektiver Kontrolleur sein und verstößt gegen die elementare Informationspflicht. Ein Staat, der zur Begutachtung der Sicherheit der Atomenergie nur deren Befürworter heranzieht, deren Kritiker nicht nur ausschließt, sondern obendrein diffamiert, wird zum Kumpan einer interessierten Atomgemeinde und nimmt sich selbst die Möglichkeit, abwägend zu urteilen.

Schonungslose Offenheit darf nicht auf die Aufklärung von Bestechlichkeit und Bestechung beschränkt sein. Sie muß vor allem für die Aufklärung über die Risiken der Atomenergie gelten.

Das Risiko des Mißbrauchs von Spaltmaterial ist unnötig. Es kann und muß beseitigt werden. Hochangereichertes Uran darf es in der Bundesrepublik nicht geben. Die Wiederaufarbeitung – auch von deutschen Brennelementen im Ausland – muß beendet, der Bau in Wackersdorf eingestellt werden; der Brüter in Kalkar darf nicht in Betrieb gehen. All dies wäre keine Beeinträchtigung des Betriebs von Kernkraftwerken, kein Ausstieg aus der Atomenergie.

Auch der Ausstieg aus der Atomenergie schafft den Atommüll nicht aus der Welt, den es bereits gibt. Das Endlagerproblem erfordert sorgfältigstes Vorgehen. Es darf nicht dazu kommen, daß der Salzstock in Gorleben mangels Alternative gesundgebetet wird. Daher müssen andere Standorte erkundet werden. Es ist freilich auch nicht zu verantworten, angesichts des ungelösten Endlagerproblems weiteren Atommüll zu produzieren.

Die Mehrheit der Bürger will den Ausstieg aus der Atomenergie. Der Bundestag könnte die Abschaltung der Atomkraftwerke gesetzlich erzwingen, aber die Bundestagsmehrheit blockiert dies. Innerhalb der Regierungsparteien mehren sich die Stimmen derer, die von der Atomenergie abrücken, sie nur noch für eine Übergangszeit dulden wollen, den «Einstieg in den Ausstieg» propagieren. Das erweckt Hoffnungen. Allerdings: die Verkündung, daß in absehbarer Zeit keine neuen Atomkraftwerke in Angriff genommen werden, ist kein Beleg für den Willen zum «Einstieg in den Ausstieg», sondern Augenwischerei. Neue Atomkraftwerke stehen wegen der hohen Kraftwerksüberkapazität ohnehin nicht ernsthaft zur Debatte.

Wer die Atomenergie nur noch für eine Übergangszeit dulden will, der muß auch gegen die Wiederaufarbeitung und den Brüter eintreten und für mindestens folgende Änderungen des Atomgesetzes:
- Streichung der Verpflichtung des Staates zur Förderung der Atomenergie,
- Verbot der Wiederaufarbeitung und des Umgangs mit jeglichem waffenfähigen Spaltmaterial,
- Verbot der Genehmigung des Baus neuer Atomkraftwerke und Terminierung der Genehmigung der existierenden.

Die Ernsthaftigkeit des Abrückens von der Atomenergie läßt

sich also nur an konkreten Forderungen und Maßnahmen messen. Sie erweist sich auch am Eintreten für eine konkrete Politik der rationellen Energienutzung und der Förderung regenerativer Energien, nicht aber an der verbalen Propagierung langfristiger Zukunftsvisionen wie etwa einer Wasserstoffwirtschaft.

Die Autoren

Tamara Duve, geb. 1964 in Hamburg, Studium der Germanistik, Voluntariat, seit 1987 Redakteurin der *Morgenpost* in Hamburg.

Helmut Hirsch, Dr., geb. 1949, Physiker, wissenschaftlicher Mitarbeiter der Gruppe Ökologie Hannover seit 1979.

Egbert Kankeleit, Prof. Dr. rer. nat., geb. 1929, seit 1966 Professor am Institut für Kernphysik der Technischen Hochschule Darmstadt.

Jürgen Kreusch, geb. 1952, Dipl.-Geologe, Mitarbeiter Gruppe Ökologie seit 1982.

Christian Küppers, geb. 1958, Diplom-Physiker, Mitarbeiter des Öko-Instituts.

Michael Sontheimer, geb. 1955 in Freiburg, Studium der Geschichte, Mitbegründer der *taz* in Berlin, seit 1985 Redakteur der *Zeit* in Hamburg.

Klaus Traube, Prof. Dr.-Ing., geb. 1928, Gesamthochschule Kassel. Bis 1976 in der Atomindustrie, zuletzt als Technischer Geschäftsführer der INTERATOM, u. a. verantwortlich für Entwicklung und Bau des Brüterkraftwerks in Kalkar.

Industrie & Ökologie

Herausgeber
Ingke Brodersen
Freimut Duve

C 2266/4 a

5921   5922

Mike Cooley
Produkte für das Leben statt Waffen für den Tod
Arbeitnehmerstrategien für eine andere Produktion. Das Beispiel Lucas Aerospace (4830)

F. Fröbel/J. Heinrichs/O. Kreye
Die neue internationale Arbeitsteilung
Strukturelle Arbeitslosigkeit in den Industrieländern und die Industrialisierung der Entwicklungsländer (4185)
Umbruch in der Weltwirtschaft?
Die globale Strategie: Verbilligung der Arbeitskraft/Flexibilisierung der Arbeit/ Neue Technologien (5744)

Werner Hofmann
Grundelemente der Wirtschafts- gesellschaft
Ein Leitfaden für Lehrende (1149)

Ulrich Klotz/Klaus Meyer-Degenhardt
Personalinformationssysteme
Auf dem Weg zum arbeitsgerechten Menschen (5255)

Herausgegeben
von
Freimut Duve

C 2007/11 a

KATALYSE, BUND, ÖKO-INSTITUT, ULF

Gefährliche Arbeitsstoffe, Berufskrankheiten und Auswege

Chemie am Arbeitsplatz

5990

Karin Fißler

FRAUEN AKTUELL
Arbeitslose Frauen erzählen

‹Ich brauche die Arbeit zum Leben!›

5244

aktuell ESSAY

Herausgeber
Ingke Brodersen
Freimut Duve

C 2311/1

Willy Brandt

Essay

Menschenrechte
mißhandelt und
mißbraucht

12135

Ivan Illich

Essay

H_2O und
die Wasser des
Vergessens

12131